U0097755

全國高中、中小學心理衛生教育指定參考讀本！
一部「導航式」的身體趣味知識「百科全書」！
完全圖解適合全家大小認識身體奧妙的典藏本！

完全圖解

認識我們的身體

健康研究中心主編

前言

　　對於你自己的身體，憑心而論，你認識能有多少？其實大部分的人都是一知半解、似是而非，而鬧了不少笑話，捧著肚子說胃痛其實是腸炎，事情想很久說頭痛，而他的頭一點毛病也沒有是神經抽痛——對於自己身體認識不足，且不看醫生只會到藥房抓藥而延誤了治療時機……

　　因此，我們都應該好好認識自己身體的各種部位與機能與疾病的相對關係，健康是屬於自己的，有健康才能創造你人生的一切。

　　本書以完全圖解的方式，閱讀容易，全書一目瞭然，讓人人都能輕鬆閱讀，增長知識而一輩子受用！

　　本書以能夠了解人體正確構造與作用為優先考量。項目的選擇、排列都是以問答的形式呈現，敘述方面也是以簡單明瞭的圖解為主，讀者如果要調查某個事項，只要看本書的各種項目（不必參照相關頁數），就能夠得到完整的知識。所以同一內容可能出現在許多不同的地方，希望讀者能夠了解。如果本書能夠幫助您今後過著更好、更健康的生活，則編輯者將深感榮幸。

第5章 附屬消化系統（牙齒）

第6章 呼 吸 系 統

第7章 循環系統(1)心臟

第3篇　調節與控制

第12章　感覺系統(1)眼睛

第13章　感覺系統(2)耳、鼻、舌

第14章　感覺系統(3)皮膚

第15章 內分泌腺系統

第16章 外分泌腺系統

第17章 神 經 系 統

第4篇　生命的誕生

第18章 生殖器官系統(1)男性

第 1 篇
人體的基礎與運動

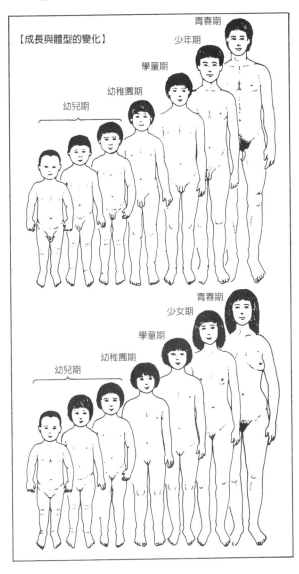

【成長與體型的變化】

總和知識
基礎知識

內臟的構造(1)

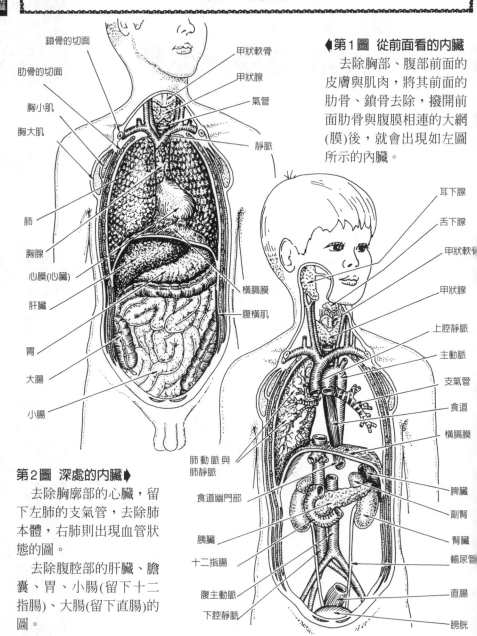

鎖骨的切面
甲狀軟骨
肋骨的切面
甲狀腺
胸小肌
氣管
胸大肌
靜脈
肺
胸腺
心膜(心臟)
肝臟
橫膈膜
腹橫肌
胃
大腸
小腸

耳下腺
舌下腺
甲狀軟骨
甲狀腺
上腔靜脈
主動脈
支氣管
食道
橫膈膜
脾臟
副腎
腎臟
輸尿管
直腸
膀胱

肺動脈與肺靜脈
食道幽門部
胰臟
十二指腸
腹主動脈
下腔靜脈

◀第1圖 從前面看的內臟

　去除胸部、腹部前面的皮膚與肌肉，將其前面的肋骨、鎖骨去除，撥開前面肋骨與腹膜相連的大網(膜)後，就會出現如左圖所示的內臟。

第2圖 深處的內臟▶

　去除胸廓部的心臟，留下左肺的支氣管，去除肺本體，右肺則出現血管狀態的圖。

　去除腹腔部的肝臟、膽囊、胃、小腸(留下十二指腸)、大腸(留下直腸)的圖。

總 和 知 識

基礎知識

內臟的構造(2)

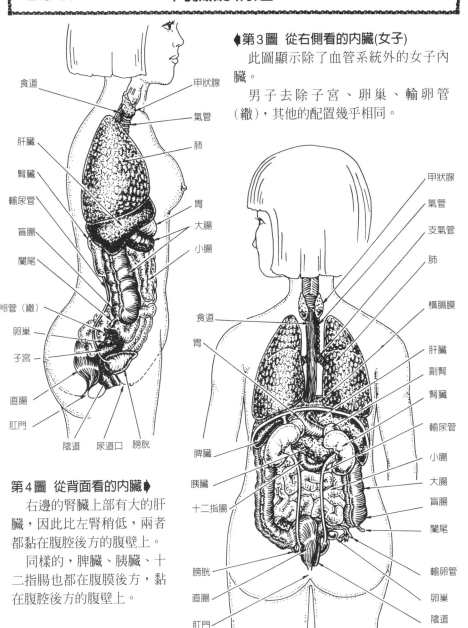

◆第3圖　從右側看的內臟(女子)

　　此圖顯示除了血管系統外的女子內臟。

　　男子去除子宮、卵巢、輸卵管（繖），其他的配置幾乎相同。

食道
甲狀腺
氣管
肝臟
腎臟
肺
輸尿管
胃
盲腸
大腸
闌尾
小腸
卵管（繖）
卵巢
子宮
直腸
肛門
陰道　尿道口　膀胱

甲狀腺
氣管
支氣管
肺
橫膈膜
肝臟
副腎
腎臟
輸尿管
食道
胃
小腸
大腸
脾臟
盲腸
胰臟
闌尾
十二指腸
輸卵管
膀胱
卵巢
直腸
陰道
肛門

第4圖　從背面看的內臟▶

　　右邊的腎臟上部有大的肝臟，因此比左腎稍低，兩者都黏在腹腔後方的腹壁上。

　　同樣的，脾臟、胰臟、十二指腸也都在腹膜後方，黏在腹腔後方的腹壁上。

總和知識
基礎知識

內臟的正確位置(1)

【收納內臟的骨骼】

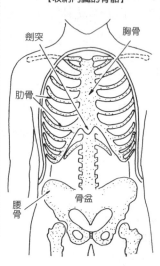

劍突　胸骨

肋骨

腰骨　骨盆

▶內臟全都收納於肋骨中的胸廓與骨盆上的腹腔中。

▶胸廓與腹腔的交界是橫膈膜，有食道、主動脈、下腔靜脈貫穿中央。

【注意】了解內臟的正確位置，有利於發現疾病。

可以以腰骨的高度為基準，了解肋骨第幾條的高度。

【胸廓和腹腔以橫膈膜分開】

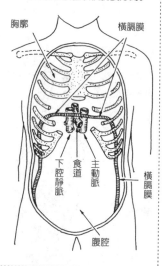

胸廓　橫膈膜

下腔靜脈　食道　主動脈

橫膈膜

腹腔

★心臟的位置在何處？

在橫膈膜上方中央偏左的位置，被心膜包住的就是心臟，而心膜下側則與橫膈膜黏連。

★左右肺的位置在何處？

肺被胸膜（肋膜）的兩層袋子包住，鋪在橫膈膜上。

心臟側的左肺大約縮小一成左右。

★脾臟與腎臟的位置在何處？

脾臟在腹腔橫膈膜的左下方。

而背側的脊椎骨左右則有腎臟（右側稍低）。

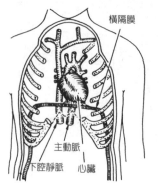

橫隔膜

主動脈

下腔靜脈　心臟

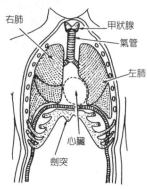

右肺　甲狀腺

氣管

左肺

心臟

劍突

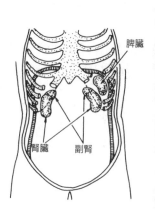

脾臟

腎臟　副腎

內臟的正確位置(2)

★食道與胃的位置在何處？

食道通過氣管的後方。

胃的頭部與橫膈膜連接的幽門部，有堪稱要害的心窩。

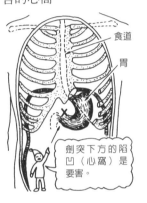

食道
胃

劍突下方的陷凹（心窩）是要害。

★肝臟與膽囊的位置在何處？

肝臟與橫膈膜相連的一部分，是堪稱為要害的心窩。

膽囊垂掛在總膽管下。

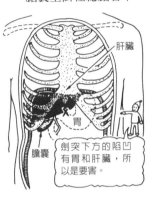

肝臟
胃
膽囊

劍突下方的陷凹有胃和肝臟，所以是要害。

★十二指腸與胰臟的位置在何處？

十二指腸黏在後側腹壁上，前方則用韌帶吊著連接橫膈膜。

胰臟則隱藏在胃的內側。

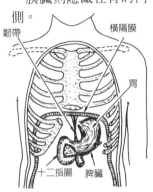

韌帶　橫隔膜
胃
十二指腸　胰臟

★大腸的位置在何處？

大腸分為結腸、盲腸和直腸，大部分是結腸，而縱走的左右結腸黏在後方的腹壁。

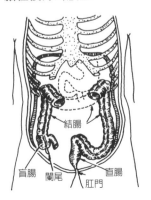

結腸
盲腸　闌尾　直腸　肛門

★膀胱的位置在何處？

膀胱在直腸的前側。

女子在膀胱間有陰道，上方有子宮，子宮左右有卵巢。

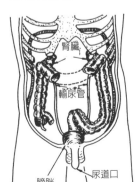

腎臟
輸尿管
膀胱　尿道口

★小腸的位置在何處？

小腸好像覆蓋大腸似的在其表側。

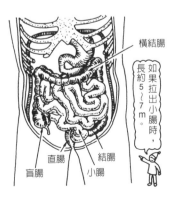

橫結腸

如果拉出小腸時，長約5～7m。

直腸　結腸
盲腸　小腸

橫膈膜的構造

重點知識

基礎知識

【支撐胸廓底面的橫膈膜切面圖】

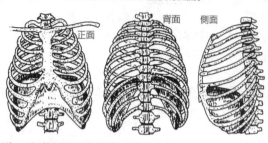

正面　背面　側面

★橫膈膜的構造

橫膈膜在胸廓與腹腔的交界，是類似帽子形狀的肌肉質膜。

膜的外側下方邊緣與肋骨連接，中央部朝上方膨脹，而中心部則有食

食道　橫膈膜
肝臟
下腔靜脈　主動脈

道、主動脈與下腔靜脈等大血管貫穿。

★橫膈膜的作用

橫膈膜承接心臟與兩邊的肺。

但是最重要的作用則是接受自律神經的支配，按照一定的規律朝上方膨脹或收縮，壓縮肺而進行呼吸（稱爲腹式呼吸）。

重點知識

基礎知識

如何保護胸廓與腹腔？

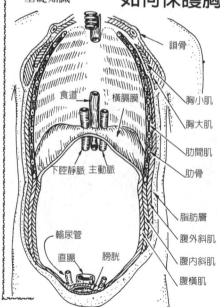

鎖骨
食道　橫膈膜
胸小肌
胸大肌
肋間肌
肋骨
下腔靜脈　主動脈
脂肪層
輸尿管
腹外斜肌
直腸　膀胱
腹內斜肌
腹橫肌

★胸廓的安全構造

胸廓在人體內有最重要的心臟和肺，周遭由肋骨緊緊的保護，肋骨之間則由肋間肌相連。

外圍則由肌肉與脂肪層包住，具有保護的作用。

朝向外界的開口部只有氣管而已。

★腹腔的安全構造

腹腔爲了收納剩餘的所有內臟，因此體側部有左圖所示的三層肌肉與脂肪層保護，底部則由骨盆骨保護。

朝向外界的開口部則是食道（口）、肛門、尿道口（膀胱與子宮則在腹腔外）。

重點知識

基礎知識

內臟為何不會分散移動呢？

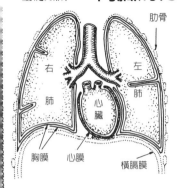

★包住內臟的各種膜

內臟表面大部分是由漿膜所覆蓋。包住肺的膜稱為**胸膜**，包住心臟的稱為**心膜**，腹腔內膜稱為**腹膜**。

漿膜表面平滑，利用液體滋潤，所以不會與周圍的臟器產生摩擦。

★胸膜（別名肋膜）的作用

包住肺的胸膜，形成雙層的袋狀。內側的袋子配合肺呼吸而膨脹收縮，外側的袋子則與肋骨部的組織結合，因此垂掛在氣管下方的肺並不會移動。

★心膜的作用

垂掛於血管下方的心臟，會進行收縮、放鬆的運動，但是外側的袋底與橫膈膜結合，所以不會移動位置。

★腹膜的作用

腹腔部的主要內臟，是由類似窗簾般吊起來的腹膜保持位置。而腹壁側與內臟側的腹膜之間，有少量的腹膜液，所以能夠移動。

腹膜形成**繫膜**（有血管和神經通過），而胃、脾臟、小腸與一部分的大腸（橫結腸與乙狀結腸），則垂掛在腹壁和其他器官之間。

此外，胃的間膜好像圍裙般，朝前方下垂的薄膜稱為**大網膜**（因為看似網狀而命名），是為了防止腹壁與小腸摩擦。

肝臟、大腸（升結腸與降結腸）有一部分由腹膜所覆蓋，在沒有腹膜的背面與腹壁相連。

胰臟、十二指腸、腎臟在壁側腹膜的背後與腹壁相連，所以平時不會移動。

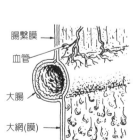

總和知識

肌 肉

骨骼肌的構成(1)

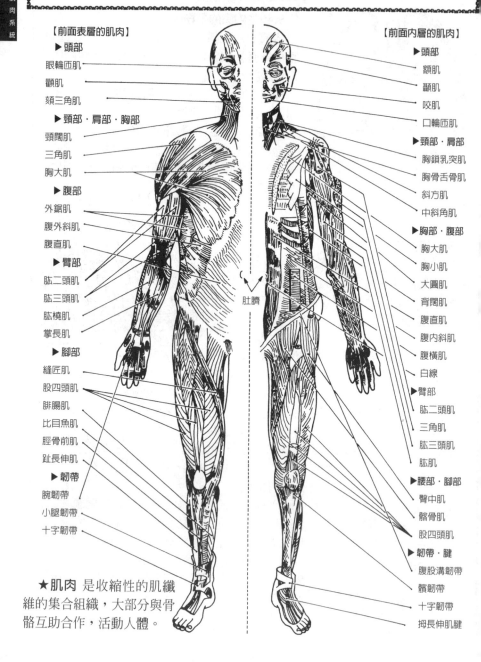

【前面表層的肌肉】

▶頭部

眼輪匝肌

顴肌

頦三角肌

▶頸部・肩部・胸部

頸闊肌

三角肌

胸大肌

▶腹部

外鋸肌

腹外斜肌

腹直肌

▶臂部

肱二頭肌

肱三頭肌

肱橈肌

掌長肌

▶腳部

縫匠肌

股四頭肌

腓腸肌

比目魚肌

脛骨前肌

趾長伸肌

▶韌帶

腕韌帶

小腿韌帶

十字韌帶

肚臍

【前面內層的肌肉】

▶頭部

額肌

顳肌

咬肌

口輪匝肌

▶頸部・肩部

胸鎖乳突肌

胸骨舌骨肌

斜方肌

中斜角肌

▶胸部・腹部

胸大肌

胸小肌

大圓肌

背闊肌

腹直肌

腹內斜肌

腹橫肌

白線

▶臂部

肱二頭肌

三角肌

肱三頭肌

肱肌

▶腰部・腳部

臀中肌

髂骨肌

股四頭肌

▶韌帶・腱

腹股溝韌帶

髕韌帶

十字韌帶

拇長伸肌腱

★**肌肉** 是收縮性的肌纖維的集合組織，大部分與骨骼互助合作，活動人體。

總和知識

肌 肉

骨骼肌的構成(2)

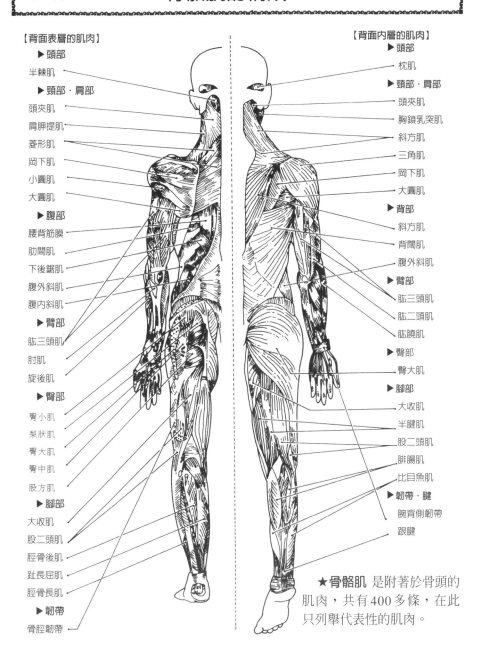

【背面表層的肌肉】

▶ 頭部
半棘肌

▶ 頸部・肩部
頭夾肌
肩胛提肌
菱形肌
岡下肌
小圓肌
大圓肌

▶ 腹部
腰背筋膜
肋間肌
下後鋸肌
腹外斜肌
腹內斜肌

▶ 臂部
肱三頭肌
肘肌
旋後肌

▶ 臀部
臀小肌
梨狀肌
臀大肌
臀中肌
股方肌

▶ 腳部
大收肌
股二頭肌
脛骨後肌
趾長屈肌
脛骨長肌

▶ 韌帶
骨脛韌帶

【背面內層的肌肉】

▶ 頭部
枕肌

▶ 頸部・肩部
頭夾肌
胸鎖乳突肌
斜方肌
三角肌
岡下肌
大圓肌

▶ 背部
斜方肌
背闊肌
腹外斜肌

▶ 臂部
肱三頭肌
肱二頭肌
肱橈肌

▶ 臀部
臀大肌

▶ 腳部
大收肌
半腱肌
股二頭肌
腓腸肌
比目魚肌

▶ 韌帶・腱
腕背側韌帶
跟腱

★**骨骼肌** 是附著於骨頭的肌肉，共有400多條，在此只列舉代表性的肌肉。

重點知識

肌　肉

骨骼肌是指何種肌肉？

★何謂骨骼肌？

一般而言，提到的肌肉都是指骨骼肌。此種肌肉兩端的腱附著於骨骼，收縮時可以讓人體的一部分運動。

男子的骨骼肌佔體重約百分之40，女子因爲脂肪組織較多，所以佔的比例較低。

★骨骼肌的種類

骨骼肌依身體部分的不同而有不同作用，其形狀也如下圖所示各有不同。

骨骼肌中最大的，就是臀部肌肉中的臀大肌。

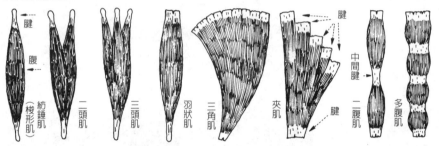

腱　腹　紡錘肌（梭形肌）　二頭肌　三頭肌　羽狀肌　三角肌　夾肌　腱　中間腱　二腹肌　多腹肌　腱

重點知識

肌　肉

「腱」具有何種作用？

★腱的形狀與作用

在肌肉兩側相連，如細棒狀和膜般薄薄攤開的形狀就稱爲腱。

而兩端藉著強韌的結締組織接於骨上，藉著肌肉的收縮可以牽引一邊的骨，使其運動。

提到腱，最著名的就是在腳脖子後方的跟腱。

跟腱在小腿肚的肌肉（腓腸肌與比目魚肌）的下側，附著於跟骨，是人體中最大的腱。

腓腸肌　比目魚肌　跟腱　跟骨

★請摸一摸腱

用力製造出手臂的小老鼠，在這個肉球前端可以觸摸到又細又硬的筋。

這個肉球的肌肉（肱二頭肌）的前側，就是附著於橈骨的腱。

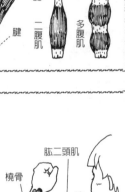

肱二頭肌　橈骨　腱　腱

用手指捏這裡，會觸摸到又硬又細的腱喔！

重點知識

肌 肉

「腱」伸展到何處連接骨？

★腱連接骨的方式

一般而言，肌肉兩端的腱會通過關節，附著於前面的骨。

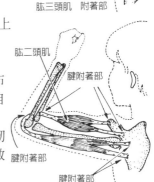

右圖是肱部兩條肌肉的腱附著於骨的方式，但是肌肉還有很多，因此實際上會有很多的腱通過關節部。

★韌帶的作用

尤其像手腕和腳脖子，分布很多繞過5根手指、腳趾而自由活動的腱或血管、神經等。

而這時有如帶子般作用的韌帶，將腱捲成一束，防止其散亂。

重點知識

肌 肉

利用肌肉運動的構造

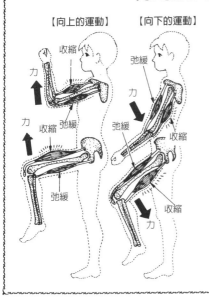

【向上的運動】　【向下的運動】

★何謂一對肌肉？

大部分的骨骼肌，在骨的表側與內側形成一對，附著在骨上。

根據上段圖的說明，手臂的肱二頭肌與肱三頭肌是形成一對的肌肉。

★運動的構造

看左圖就可以了解，當手臂或是腳，想朝某一方向移動時，該側的肌肉會收縮，而相反側的肌肉則會放鬆。

一對的肌肉一側收縮，另一側放鬆，就形成人體各部分的運動。

如果一對肌肉的兩側都收縮，人體此部分就會僵硬而無法動彈。兩側都放鬆時則會下垂。

重點知識

肌肉

肌肉收縮構造與傳達神經信號

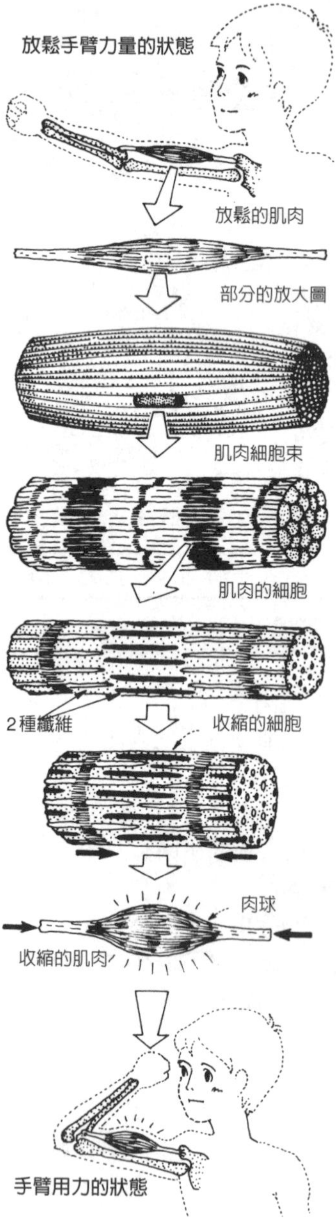

放鬆手臂力量的狀態

放鬆的肌肉

部分的放大圖

肌肉細胞束

肌肉的細胞

2種纖維　　　　收縮的細胞

肉球

收縮的肌肉

手臂用力的狀態

★肌肉收縮的構造（右圖）

用顯微鏡觀察骨骼肌，可以發現是由許多的肌肉細胞構成的。肌肉收縮時，這種細胞會發揮何種作用呢？請看左圖的說明。

❶放鬆（不加諸力量鬆弛）的肌肉，如果放大來看的話，可以看見❷肌肉的筋。而將❸再放大來看的話，發現這個筋是肌肉細胞束。

❹一個肌肉細胞，是由用2種蛋白質構成的肌肉纖維（稱爲肌原纖維），大量聚集形成的（圖的白筋與黑筋）。

❺加諸力量時，2種纖維互相牽引、重疊，因此整體會縮短，取而代之的是會加粗。

❻而這個肌肉細胞的大集合體肌肉，朝長的方向收縮，使得此部分變粗，形成「肉球」。

★傳達來自神經系統信號的構造（下圖）

現在腦下達『用力』的命令到手臂的肌肉時，這個信號透過分支較細的神經系統傳達給所有的細胞。

而受到此種信號的2種蛋白質纖維之間，會產生化學變化，形成互相牽引的力量而收縮。

斷絕來自腦的信號後，2種纖維之間的化學變化結束，細胞恢復原先的長度。

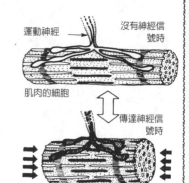

運動神經　　　　　沒有神經信號時

肌肉的細胞

傳達神經信號時

重點知識

肌肉

肌肉收縮的能量來自何處？

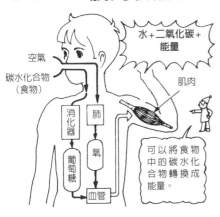

水＋二氧化碳＋
能量

空氣

碳水化合物
（食物）

肌肉

消化器　肺

葡萄糖　氧

血管

可以將食物
中的碳水化
合物轉換成
能量。

★**能量的根源為何？**

食物中所含有的碳水化合物（澱粉和醣類），經由消化器官系消化後變成葡萄糖由小腸吸收，溶於血液中送到全身肌肉。

由肺吸入的氧溶於紅血球中送達全身，和葡萄糖一起成為能量的根源。

★**製造能量的構造**

吸收到肌肉中的葡萄糖，和紅血球送達的氧產生反應，變成水和二氧化碳而產生能量。

利用能量使肌肉收縮，進行身體各部分的運動。

這種關係，就好像汽油藉著空氣中的氧燃燒，提供汽車奔馳的能量。

重點知識

肌肉

從事激烈運動為何會呼吸困難？

★**呼吸困難的原因**

從事激烈運動，肌肉連續強力收縮，所以需要大量的能量。

因此會使用掉大量的葡萄糖和氧。

所以心臟不斷快速跳動，陸續送出大量的血液，將血

不能夠再送
更多的氧了

肌肉

請再送更多
的氧來

心臟

液中所含的葡萄糖和氧送達肌肉。

持續激烈運動，心臟加速跳動，拼命送達血液，依然來不及補給氧。

這時身體就會因為缺氧而出現呼吸困難現象。

只要稍微休息，就可以去除呼吸困難的現象。只要大力吸氣，就可以去除紅血球缺氧狀態。

【參考】其他呼吸困難的情況

像在高山等氧較稀薄的地方、肺因為疾病無法充分吸進氧，或是因為發高燒而大量需要氧時就會呼吸困難。

②
肌
肉
系
統

重點知識

肌　肉

強健肌肉的方法

★蛋白質之旅

食物中所含的蛋白質，在胃與小腸消化，變成氨基酸小分子。

在小腸壁被吸收後，溶於血液中送達肝臟，再經由心臟送達全身各組織。

全身組織中，皮膚接受氨基酸來合成皮膚的蛋白質，或是取代老舊

攝取蛋白質飲食後再做運動，就能夠創造強健的肌肉喔。

的皮膚，不斷成長。

★強健肌肉的方法

人類的身體，除了牙齒和骨骼，所有的組織都是由蛋白質構成的。

當然也包括肌肉。如想要強健肌肉的話，則：

❶飲食 充分攝取動物性、植物性蛋白質。

❷運動 要多做運動。

一定要實行這兩點才行。

當成營養吸收的氨基酸，在運動時可以用來合成肌肉等蛋白質，促進肌肉的成長。如果不運動的話，肝臟就會形成脂肪。

重點知識

肌　肉

長久持續運動而疲累的原因

肌肉

積存乳酸就會覺得很累，所以要休息一下。

★疲累的原因

長久持續運動，肌肉需要大量的葡萄糖和氧當成熱量源。

缺乏葡萄糖時，肝臟的糖原就會變成葡萄糖來補給。

雖然可以持續補給熱量，但是糖原變成葡萄糖時，會產生疲勞物質乳酸，送達肌肉。

乳酸大量蓄積在肌肉，就會形成「疲勞」狀態，身體無法動彈。

但是稍微休息後，乳酸經由氧的補給就會變成水和二氧化碳，能夠去除疲勞。

★感覺肚子餓的理由

使用掉儲存在肝臟的糖原，消耗完熱量源葡萄糖後，就會因缺乏元氣而感到肚子餓。

但是吃完東西後，經過消化吸收，血液中又出現了葡萄糖，因而恢復元氣。

缺乏葡萄糖時會感到肚子餓喔。

創造元氣的方法

★葡萄糖之旅

食物中的碳水化合物（澱粉或糖分），消化後變成葡萄糖，被小腸壁吸收，溶於血液當中，先送到肝臟。

肌肉

喔。成為熱量源的葡萄糖

肝臟

葡萄糖

然後經由心臟送到全身。

全身的肌肉，接受來自血液的葡萄糖和氧，製造大量的熱量，使肌肉收縮而能進行運動。

★葡萄糖的儲藏

成為熱量源的葡萄糖，健康人的血液中只能儲存百分之0.1。

這麼少的葡萄糖，只要稍微運動一下就用完，使得身體無法動彈。

但是人類身體具有精巧的構造。由小腸大量吸收的葡萄糖，會在肝臟變成糖原物質，暫時儲存在肝臟或肌肉中。

一旦運動，血液中的葡萄糖缺乏時，少量的糖原就會變回葡萄糖，繼續補充熱量。

★比較糖原的儲藏量

比較一下肝臟與肌肉中的糖原儲藏量。

成人的肝臟，大約可以儲存其重量（1200公克）百分之5的糖原，大約為60公克。

同樣的，肌肉也可以儲存其重量（體重60kg的人肌肉量約為24kg）百分之1的糖原，所以糖原儲存量約為240公克。

換言之，肌肉儲存糖原的能力較大。

★創造元氣的方法

如上所敘述，創造元氣的方法大致如下。

❶**飲食** 攝取大量食物，吸收大量葡萄糖，可以儲存大量糖原。

❷**體格** 攝取大量蛋白質，創造肌肉，就能增加糖原的儲存量。

❸**運動** 運動者的肌肉可以儲存更多的糖原。

【參考】立刻產生元氣的方法

如果肌肉儲存大量糖原，就能迅速展現較大型的活動。

只要運動，就能夠創造有元氣的身體。

因為不必等待來自肝臟，或透過心臟、血管運送來的葡萄糖。

重點知識

肌 肉

肌肉組織有哪些種類？

骨骼肌

←核

心肌

平滑肌

肌肉是具有收縮性的肌肉纖維集合體，用顯微鏡觀察時，可以發現以下三種種類。

★第1種‧骨骼肌

與骨骼相連的就是骨骼肌。此外，在肌肉纖維中可以見到明暗的橫紋，因此又稱爲橫紋肌。

肌肉纖維長約5～12cm，比其他的肌肉長，接受來自脊髓神經的命令，發揮活動骨骼的作用。

★第2種‧心肌

這種肌肉只存在於心臟。由於形成心臟壁，所以稱爲心肌。因爲需要不眠不休持續活動，所以可以說是最強韌的組織。

★第3種‧平滑肌

特徵是沒有橫紋，製造內臟或血管壁，因此也稱爲內臟肌。與心肌相同，不會接受脊髓神經的命令而活動，特徵是不容易疲勞。

重點知識

肌 肉

平滑肌在何處？

★由平滑肌構成的器官

消化器官(舌、食道、胃、小腸、大腸、肛門)，呼吸器官(氣管、肺泡)、泌尿器官(腎臟、輸尿管、膀胱、尿道)、生殖器官(輸卵管、子宮、陰道、輸精管等)。脾臟、血管、腺的排泄管、眼球的瞳孔、括約肌、皮膚毛豎立的肌肉等等，沒有骨骼的器官的肌肉，除了心臟外，其餘都是平滑肌。

★平滑肌的特徵

器官的外側由環狀和縱走的肌肉包住，進行收縮或是將食物往前推的運動(胃除外)。

此外，骨骼肌能夠瞬間收縮，而平滑肌的收縮較緩慢，所以像胃和腸等蠕動運動進行得很緩慢。

食道　　　　　　胃

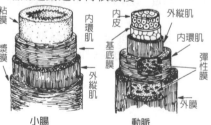

小腸　　　　　　動脈

肌 肉

平滑肌的各種作用

★氣管呼吸困難的理由

後側
軟骨
韌帶
平滑肌

呼吸器的氣管，主要是由軟骨支撐的。

但是配置環狀的平滑肌，因為某種原因而強力收縮時，就會引起呼吸困難。

★會吐出食物的理由

食道被內環肌、外縱肌兩種平滑肌包住，藉著蠕動運動將吞嚥的食物送達胃（參照左頁下圖）。

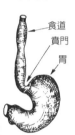

食道
賁門
胃

胃則是由內環肌、外縱肌和斜肌三種平滑肌包住，進行複雜的蠕動運動，消化食物，並將食物運送到十二指腸（參照左頁下圖）。

一旦吞下異物或毒物時，受到自律神經的刺激，會引起逆蠕動的作用，胃中的物體就會朝反方向送回。

★小腸蠕動運動的狀況

小腸壁是由內環肌和外縱肌兩種平滑肌所構成（參照左頁下圖）。

消化物送達後，內環肌收縮，進行消化消化物的作用。

同時，平行的外縱肌沿著管的方向收縮、放鬆，將消化物送達前端。

★血管壁肌肉的作用

血管是由內環肌和外縱肌兩種平滑肌構成的（參照左頁下圖）。

這種肌肉受到自律神經控制收縮或放鬆，改變其中的寬度，調節流量，保持血壓的穩定。

此外，當某個內臟，例如胃開始消化活動時，血管就會擴張，流入大量的血液。

★泌尿器官肌肉的作用

由腎臟分泌的尿，經由輸尿管平滑肌的收縮送達膀胱。

腎臟
輸尿管
膀胱
尿道

膀胱壁是由平滑肌構成的。而排尿則是將此肌肉收縮，將尿擠出而完成。

★女子生殖器官肌肉的作用

由卵巢排出來的卵子，並不是自己進入輸卵管中，而是藉著輸卵管的平滑肌，進行非常緩慢的**蠕動運動**來運送卵子。

子宮壁是由強健的平滑肌構成的。生產時，此肌肉會收縮，擠出胎兒。

此外，月經的血液，並不是藉著地心引力而下降。

而是因為子宮的肌肉收縮，才將子宮剝落的內膜往外擠出。

子宮
輸卵管
卵巢
陰道

總和知識

骨骼

骨骼的構造

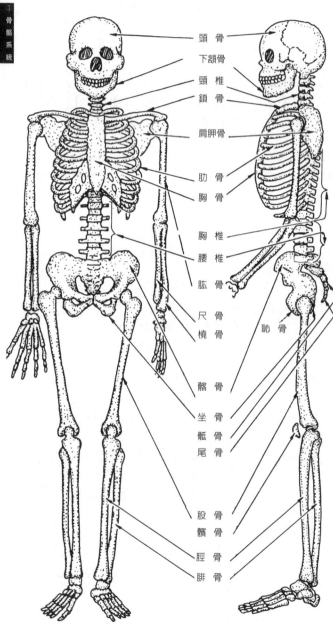

頭 骨
下頷骨
頸 椎
鎖 骨
肩胛骨
肋 骨
胸 骨
胸 椎
腰 椎
肱 骨
尺 骨
橈 骨
恥 骨
髂 骨
坐 骨
骶 骨
尾 骨
股 骨
髕 骨
脛 骨
腓 骨

★何謂骨骼？

許多的骨，經由許多目的組合而成的即稱為骨骼。

★人的骨骼

人的骨骼是由大量骨所構成的，細分如下。

❶頭骨有22個。

❷舌骨有1個。

❸耳骨有6個。

❹稱為脊柱的背骨有26個。

❺胸骨有25個。

❻從左右肩膀朝向前端的雙手骨有64個。

❼骨盆與左右肢到前端的兩足骨有62個。

總計由206個骨頭構成。

★骨骼的作用

骨骼具有支撐身體的作用，分為以下兩種：

❶一種就是頭骨、背骨、肋骨、骨盆等，稱為軸骨骼，是維持生存的骨。

❷另一種稱為附屬骨骼。包括雙手、雙腳，走路、活動所需，但是即使缺少依然能夠活著。

各種關節

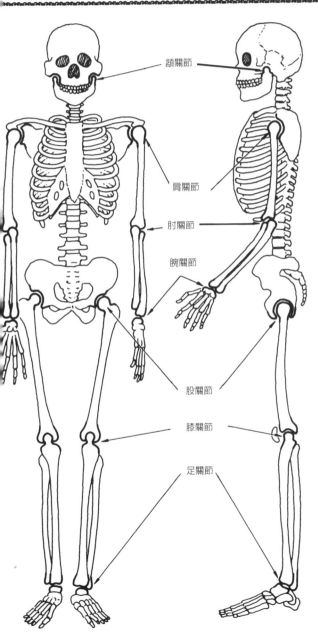

顎關節

肩關節

肘關節

腕關節

股關節

膝關節

足關節

★何謂關節？

　骨與骨的相連處，就稱為關節。

　關節中，有的能自由活動，有的卻無法活動。

★關節的形態

❶**不動關節**　代表性是頭骨。骨是由薄的纖維物質連接，所以完全無法活動。

❷**少動關節**　代表就是背骨和肋骨關節。

　骨與骨之間有軟骨夾住，利用韌帶等固定周圍，能夠稍微活動。

❸**可動關節**　下巴、雙手、雙腳的關節，手指、腳趾的關節等，能夠自由活動，其構造分為以下兩種：

　第一就是下巴、肩、股等關節。骨的一端成球狀，就好像**軸承**一樣，不論朝任何方向都能自由活動。

　第二種就是像手肘、手指、腳趾的關節。這種關節，就好像門的**鉸鏈**般，只能朝一個方向移動。

重點知識

骨　骼

關節有哪些種類？

球關節　　　　　　鉸鏈關節

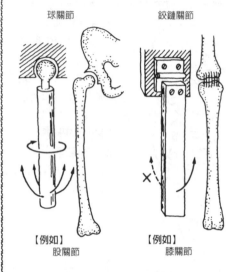

【例如】
股關節

【例如】
膝關節

能夠自由活動的關節，大致分為以下兩種。

★第1種・球關節

股或肩等關節，就好像機械軸承的構造般，頭部為半球狀，所以稱為球關節。

幾乎可以朝向所有的方向移動或旋轉。

★第2種・鉸鏈關節

膝、肘、手腳指的關節，構造就好像門的鉸鏈般，因此稱為鉸鏈關節。

好像敞開的門般，只能夠朝一個方向移動。如果想要旋轉時，可能會使得關節脫落。

【參考】像車軸等，能夠稍微旋轉的關節稱為車軸關節，頸椎等的關節就是最好的例子。

重點知識

骨　骼

主要關節的差距

★主要球關節

★主要的鉸鏈關節

肩關節由於軸承部較淺，所以可動範圍寬廣。

但是這也是關節容易脫落的原因，所以要小心。

股關節由於軸承部較深，所以不必擔心脫落。

但是可動範圍比肩關節狹隘。

肘關節只能夠朝一個方向移動。

前臂骨尺骨端很長，所以形成「用手肘撞人」的手肘部分。

膝關節的特徵就是有髕骨。

髕骨具有保護膝關節的作用。

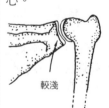

較淺

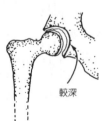

較深

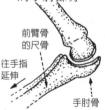

前臂骨的尺骨

往手指延伸

手肘骨

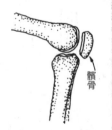

髕骨

關節的構成

重點知識
骨骼

❶兩個骨之間有縫隙（如果完全連接時會產生摩擦）。

此外，骨的一端形成**軟骨**（一旦太硬時會損傷組織）

❷縫隙中有**滑液膜**此種薄膜。

這種膜會分泌**滑液**等潤滑的液體，具有潤滑油的作用。

❸爲了避免滑液流失，因此由袋狀的**關節囊**包住滑液。

爲了避免關節脫落，用**韌帶**包住周圍。

❹關節的骨的一端，與**肌肉**端的**腱**相連。

當肌肉收縮或是伸展時，就能夠活動關節。

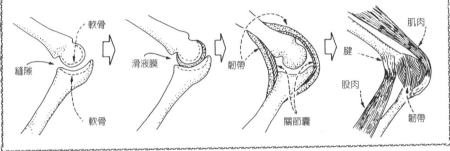

軟骨　縫隙　軟骨　滑液膜　韌帶　關節囊　肌肉　腱　股肉　韌帶

重點知識
骨骼

關節為何不會輕易脫落？

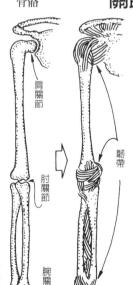

肩關節　肘關節　腕關節　韌帶

★何謂韌帶？

是連接骨或組織，能夠輕易強烈彎曲的纖維狀帶子。

韌帶依部位的不同，有些可以伸展，有些則爲了限制骨的運動而完全不能伸展。

★韌帶的作用

關節不會朝相反方向彎曲或是輕易的脫落，就是因爲外側被韌帶固定的緣故。

但是如果勉強彎曲或拉扯時，韌帶被拉長，關節就會脫落。

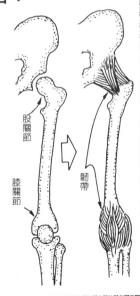

股關節　膝關節　韌帶

┌─ 重點知識 ─

骨　骼

骨中的構造

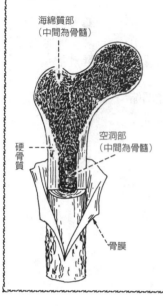

海綿質部
（中間為骨髓）

硬骨質

空洞部
（中間為骨髓）

骨膜

★骨的構造
骨的切面分爲以下三層。

❶骨膜　骨的表面是由略帶黃色的白色薄骨膜所覆蓋，這裡分布著無數的神經或血管。

❷硬骨質　在骨膜的內側，有鈣和磷的等爲主要成分的硬骨質，和朝向中心的細小血管通道。

❸海綿質　中心部爲海綿質，形成大小不一的縫隙（稱爲長骨的手、足的骨，骨端爲海綿質，中間則是空洞）。

海綿的縫隙或是中間的空洞部，充滿黃褐色的**骨髓**。

【參考】骨髓的作用　骨髓會製造紅血球、白血球等，詳情請參照血液篇的敘述。

┌─ 重點知識 ─

骨　骼

軟骨的作用

★何謂軟骨？
比一般硬骨柔軟，表面平滑，具有緩衝作用。

❶表面平滑的軟骨
一般而言，關節骨骨端的表面是軟骨，表面平滑，所以不會損傷連接的組織。

❷具有緩衝作用的軟骨
像**肋骨**與胸骨相連處有軟骨，是爲了使肋骨膨脹收縮，進行呼吸作用。

背骨則是由硬的脊椎骨和軟的椎間

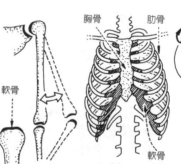

軟骨

胸骨　　　肋骨

軟骨

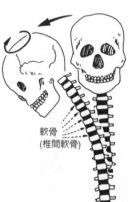

軟骨
（椎間軟骨）

軟骨交互堆積而成，所以整體就像螺旋彈簧般能夠彎曲旋轉。

骨　骼

背骨的作用

背骨是由硬的脊椎骨和軟的椎間軟骨交互相連，具有以下作用。

❶**支撐體重**　站立或坐著時可以支撐頭、軀幹、雙手的重量。

❷**彎曲上身**　椎間軟骨較軟，可以變形，只有骨盆是固定的。所以上身可以朝前後左右彎曲扭轉。

❸**吸收步行時的衝擊**　像汽車爲了使得輪胎能夠吸收小石子等

的衝擊，會安裝彈簧。

而人類在步行或是跳躍，腳著地時，衝擊會傳達到腦。

因此背骨具有彈簧的作用，能夠吸收衝擊。

❹**保護脊髓**　神經中軸的脊髓，貫穿脊椎骨後側的孔，被脊椎保護著。

脊椎骨
椎間軟骨

骨　骼

背骨的構造

脊椎分爲以下幾種骨：

❶**頸椎**　就是所謂的頸骨，由7個頸椎構成，支撐頭部。

❷**胸椎**　頸椎下方有12個胸椎，與左右12對肋骨相連，其中10對肋骨與前面的胸骨連接。

❸**腰椎**　繼胸椎之後，下方有5個腰椎，稱爲腰骨。在彎曲上身時，會承受最大的壓力。

❹**骶骨**　出生時5個椎骨變成1個，與骨盆相連。

❺**尾骨**　出生時4個椎骨合成爲1個尾骨。

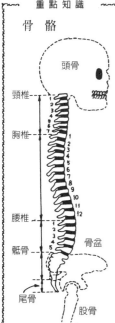

頭骨
頸椎
胸椎
腰椎
骶骨
尾骨
骨盆
股骨

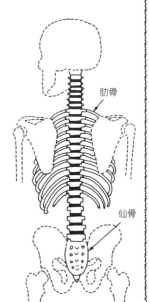

肋骨
仙骨

⑧
骨
骼
系
統

重點知識

骨 骼

背骨為何不會分散？

背骨別名脊柱或是脊椎。

★背骨的形成

背骨就好像貝殼穿成的項鍊般，由交互排列的脊椎骨與椎間軟

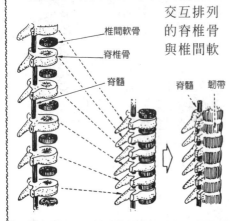

椎間軟骨
脊椎骨
脊髓
脊髓　韌帶

骨構成，而後方的洞穴有軟棒狀的脊髓貫穿。

★韌帶的作用

背骨除了保護重要的脊髓，並且負責支撐上身的重要工作。

為了避免各個脊椎骨分散或椎間軟骨突出，因此在連接處有韌帶附著。

【參考】何謂椎間軟骨突出症？

拿重物時，椎間軟骨承受太大的力量，韌帶破裂，因此軟骨突出。

也稱為椎間盤突出症。

重點知識

骨 骼

為何挺直背骨非常重要？

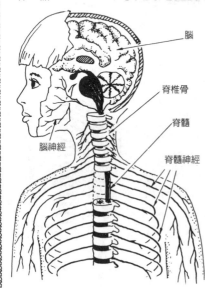

腦
脊椎骨
脊髓
腦神經
脊髓神經

★腦神經與脊髓神經

人類展現行動或思考的神經中心在腦，分為兩組傳遍全身。

❶腦神經　從腦直接延伸，左右12對神經，遍佈於眼、鼻、口、耳等頭部的器官，稱為腦神經。

❷脊髓神經　頸部以下的神經，一定會通過與腦相連的脊髓，在中途（椎骨與椎骨之間）左右各分為31對，遍佈全身，稱為脊髓神經。

★背骨異常時……

背骨一旦骨折或是彎曲，骨髓受到壓迫，腦與脊髓神經末端之間的情報傳達就會變得不順暢。

骨 骼

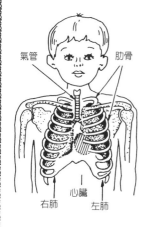

氣管

肋骨

右肺　左肺

心臟

肋骨的作用

★肋骨的構造

肋骨有左右12對，與12個胸椎相連，上面10對在前面與胸骨相連。

剩下下面2對各自縮短，前端上浮，所以稱浮動肋骨。

【參考】肋骨的數目

大部分的人都有12對肋骨，但是有少數人有11對或13對，依然能過著健康的生活，毫無異常。

★肋骨的作用

肋骨具有三種作用。

❶保護肺與心臟　如上圖所示，肺與心臟收納在肋骨中，受到肋骨的保護，免於外部的衝擊。

❷呼吸作用　肋骨具有如右上方模型圖般的構造。

前面相當於胸骨的部分下降時，肋骨內的厚度會變薄，擠出肺中的空氣。

而前面相當於胸骨的部分往上拉扯時，會增加肋骨內的厚度，使肺膨脹而吸入空氣。

右下圖與上圖對應，是肺的動態（事實上，橫膈膜也會進行呼吸作用，詳情請參照呼吸器官篇）。

❸支持雙臂　支持左右手臂的兩肩肩胛骨在肋骨的後方，由韌帶牢牢的貼住。

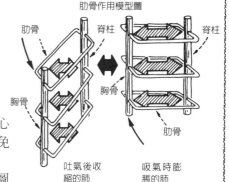

肋骨作用模型圖

肋骨　脊柱　脊柱

胸骨　胸骨

肋骨

吐氣後收縮的肺　吸氣時膨脹的肺

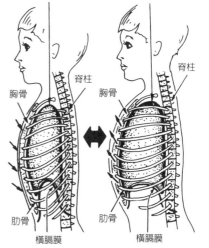

脊柱

胸骨　胸骨

肋骨　肋骨

橫膈膜　橫膈膜

重點知識

骨　骼

肩骨的構造

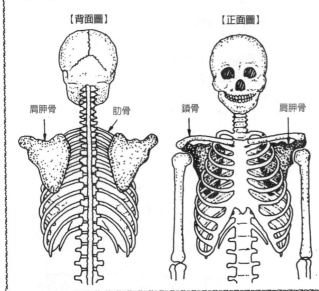

【背面圖】

肩胛骨　　肋骨

【正面圖】

鎖骨　　　肩胛骨

★肩骨的構造

肩骨是肩胛骨與鎖骨所構成的。

❶**肩胛骨**在肋骨的後側，由韌帶強力貼住。

❷**鎖骨**的外端在肩胛骨外端，內端在胸骨上部，由韌帶強力貼住。

★肩骨的活動

基於上述的構造，能夠使肩自由的抬起、放下或收縮。

重點知識

骨　骼

骨盆的作用

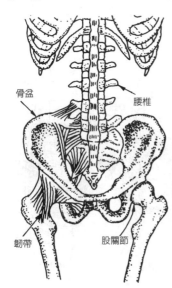

骨盆

腰椎

韌帶　　　股關節

★骨盆的作用

骨盆具有以下四種作用：

❶就是支撐背骨，支撐上身的體重。

❷就是左右有股關節相連，成為走路動作的基礎。

❸是在坐著的時候，成為底座。

❹就是成為在下方支撐大腸、生殖器、泌尿器官的承接盤。

★女子的骨盆作用

女子一旦懷孕時，骨盆成為包住胎兒的子宮床。

骨盆越大，胎兒越能順利地在較大床上成長。

骨骼

手骨、足骨的構造

★手骨的構造

手骨的數目　手骨包括手指以及手掌的部分，一隻手就有27個骨頭。

為什麼這麼小卻有這麼多骨頭呢？

因為手指需要抓各種的物體，進行一些捏起來、放下去等細小複雜的動作，所以越小的骨越方便。

骨與骨的連接（關節）　為了避免這麼多的骨頭分散，因此用強力纖維狀的韌帶相連接骨與骨之間的關節（參照上方中央的圖）。

活動手指的構造　所有手指的骨，在肌肉的一端都有「腱」附著，藉著肌肉的伸縮，能夠彎曲、伸直手指的

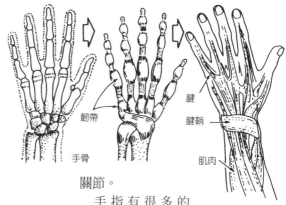

關節。

手指有很多的骨，全都有腱附著，所以連手腕處也有很多的腱。

為了避免分散這麼多的腱，必須利用像皮帶般的腱鞘，將其紮成一束（參照上面右圖）。

★足骨的構造

足骨與手骨一樣，由26個小骨和33處的關節構成，有許多韌帶相連。

從腳脖子朝向前端，為了配合所有的動作，所以有19個肌肉，每個腱都由腱鞘紮成束狀。

人類的腳不是用來抓束西，而是步行，所以腳趾的機能退化，而支撐體重的腳底和「腳背」則相當發達且變長。

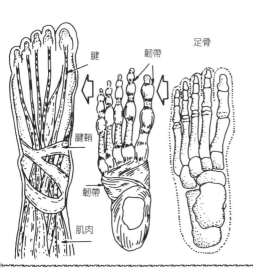

③
骨
骼
系
統

重點知識

骨 骼

何謂扁平足？

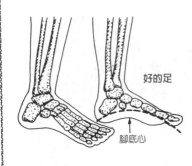

好的足

腳底心

★正常發達的足

剛出生的嬰兒，全都是扁平足。

開始步行後，肌肉或是連接足骨的韌帶力量增強，腳底部分形成拱形（左圖）。

★扁平足的症狀

孩提時代在父母過度保護的狀態下成長。不讓他光著腳走路，很快穿鞋子，就會維持扁平足的狀態成長。

扁平足的孩子，

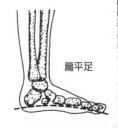

扁平足

如果長時間步行或跑跳，足就會疼痛，所以要盡早改善才行。

★扁平足的改善法

讓他赤腳走在柔軟的泥土或草皮上，同時養成正確的走路習慣，漸漸就能夠獲得改善。

重點知識

骨 骼

如何連接斷裂的骨

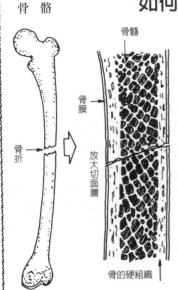

骨髓

骨膜

骨折

放大切面圖

骨的硬組織

★骨的構造

骨外側的薄骨膜、內側硬骨質的部分和中心的骨髓部，都有很多細小的血管，可以運送營養和血液成分。

★骨相連的構造

要連接斷裂的骨，恢復原先的形狀時，要以流動於骨中血液的營養為主。從斷裂處分泌黏液，填補縫隙，慢慢的凝固。

骨膜以及由骨折部分泌的造骨細胞液體，會滲入斷裂處變成硬骨，將骨折部緊緊連接。

如果因為複雜骨折而無法恢復原狀時，只要仍殘留骨膜，骨就可以再生。

第2篇
熱量與排泄

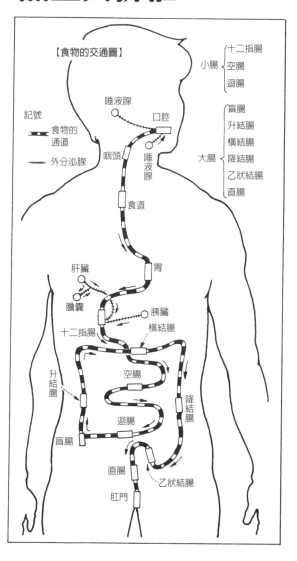

【食物的交通圖】

記號

◼️▬◼️ 食物的通道

〰️ 外分泌腺

唾液腺

口腔

咽頭

唾液腺

食道

肝臟

胃

膽囊

胰臟

十二指腸

橫結腸

升結腸

空腸

降結腸

迴腸

盲腸

直腸

乙狀結腸

肛門

小腸 { 十二指腸 / 空腸 / 迴腸

大腸 { 盲腸 / 升結腸 / 橫結腸 / 降結腸 / 乙狀結腸 / 直腸

4
消
化
器
官
系
統

總和知識

一般消化器官

食物（消化物）之旅

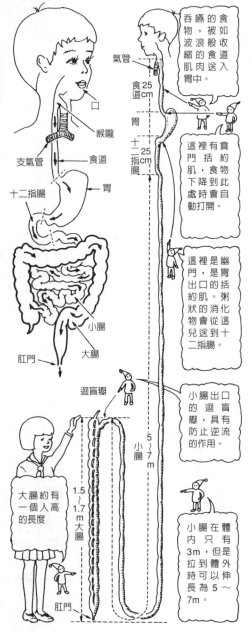

吞嚥的食物，被如波浪般收縮的食道肌肉送入胃中。

氣管

食道 25cm

胃

十二指腸 25cm

這裡有賁門括約肌，食物下降到此處時會自動打開。

這裡是幽門，是胃出口的括約肌。粥狀的消化物會從這兒送到十二指腸。

迴盲瓣

小腸出口的迴盲瓣，具有防止逆流的作用。

小腸 5～7m

大腸約有一個人高的長度

1.5～1.7m大腸

小腸在體內只有3m，但是拉到體外時可以伸長為5～7m。

肛門

口

喉嚨

支氣管

食道

十二指腸

胃

小腸

大腸

肛門

★由口到食道之旅

我們攝取食物時，首先在口中咀嚼數分鐘，然後吞嚥下去。

……就這樣開始了食物（消化物）之旅。

吞嚥的消化物，到達食道與氣管的岔路上。由於通往氣管的道路蓋上蓋子，所以會朝食道的方向前進。

食道有25cm長，通過僅需要花費1～2秒，這時賁門會打開而進入胃中。

★由胃到十二指腸之旅

消化物在胃中停留2～3小時。

此期間會被消化成粥狀物質。這時幽門打開，食物進入十二指腸。

十二指腸長約25cm，消化物在此藉著膽汁和胰液等消化，到達小腸。

★從小腸到肛門之旅

小腸長約5～7m（在體內捲成3m），因此通過要花4～6小時。

此段期間內，小腸會吸收消化物中的營養，剩下的殘渣則在迴盲瓣打開時，送往長約1.5～1.7m的大腸。

就這樣一邊吸收水分，一邊花12～24小時慢慢通過。然後肛門打開，成為糞便排出體外。

由口攝取的食物，通過全程7～9m的道路，合計約30小時的長久之旅。

總和知識

一般消化器官

與消化有關的器官

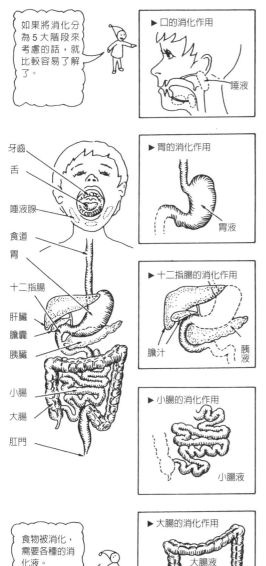

如果將消化分為5大階段來考慮的話，就比較容易了解了。

▶ 口的消化作用

唾液

牙齒
舌
唾液腺
食道
胃
十二指腸
肝臟
膽囊
胰臟
小腸
大腸
肛門

▶ 胃的消化作用

胃液

▶ 十二指腸的消化作用

膽汁
胰液

▶ 小腸的消化作用

小腸液

食物被消化，需要各種的消化液。

▶ 大腸的消化作用

大腸液

細菌

★口中的消化構造

❶**牙齒** 牙齒可以將食物磨碎、咬碎，利用唾液變成容易消化的形態。

❷**唾液腺** 在咀嚼食物時，唾液腺會分泌唾液，分解碳水化合物（澱粉或糖分），變成容易吸收的營養。

❸**舌** 具有讓食物混合唾液的作用。

★在胃的消化構造

❶**化學的消化作用** 胃壁分泌強酸性的胃液，能消化、消毒食物。

❷**機械性消化作用** 胃的肌肉反覆複雜的收縮運動，弄碎食物。

★十二指腸的消化構造

❶**肝臟** 會製造膽汁消化液。

❷**胰臟** 會製造胰液消化液。

❸**十二指腸** 將胃送來的消化物，混合膽汁及胰液繼續消化。

★小腸的消化構造

分泌小腸液，一邊蠕動一邊推進食物，進行消化作用吸收養分。

★大腸的消化構造

大腸內特別的細菌，發揮旺盛作用製造維他命，和水分一起被吸收，並將剩下的殘渣成為糞便，儲存在直腸內。

嘴唇具有何種作用？

呼

吸麵條

承接

蓋子

清掃

　　在吃東西時，嘴唇具有以下5種作用。

❶冷卻　吃熱的食物時，將嘴唇前端縮起來吹氣，等食物冷卻後再吃。

❷吸　喝湯或是吃湯麵，可以將嘴唇前端縮起來吸麵條。

❸承接　用筷子夾著食物，藉著上下嘴唇夾住，然後進入口中，也可以咀嚼一部分。

❹蓋子　在咀嚼食物時，為了避免食物從口中溢出，因此將上下嘴唇緊閉，當成蓋子來使用。

❺清掃　可以清掃嘴唇周圍附著的食物片，可以使其進入口中。

牙齒的作用

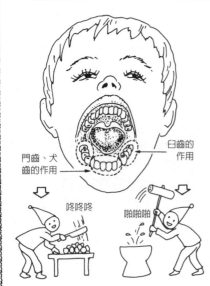

門齒、犬齒的作用

臼齒的作用

咚咚咚

啪啪啪

★牙齒的作用

　　門齒與犬齒，可以將食物咀嚼切割為適當的大小。

　　臼齒則將食物繼續咀嚼、碾碎，讓碳水化合物等充分與唾液混合，進行消化。

　　當然，當胃消化蛋白質和脂肪時，如果不能在此充分磨碎的話，就會增加胃的負擔。

★一旦形成蛀牙時…

　　無法充分咀嚼食物，造成消化不完全。

　　結果無法得到足夠的營養，於是就無法保持健康。

一般消化器官

唾液的作用

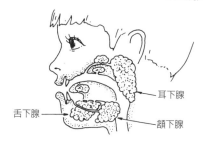

耳下腺

舌下腺

頜下腺

★**分泌唾液的地方**

耳下腺（腮腺）、頜下腺、舌下腺等袋狀器官收縮擠出唾液。

★**分泌唾液的構造**

看到食物、聯想食物或是食物進入口中咀嚼時，藉著自律神經的作用，唾液就會分泌到口中。

尤其用舌品嘗味道，覺得很好吃時，就會分泌大量唾液。

據說1天當中，會分泌約1公升的唾液。

★**唾液的作用**

❶**具消化作用** 含有消化酵素唾液澱粉，能夠分解食物中的碳水化合物（澱粉），使其變成麥芽糖，形成容易吸收的微粒子。

❷**形成骨骼和牙齒** 耳下腺所分泌的唾液，含有形成骨骼和牙齒形狀的荷爾蒙唾液腺素。

❸**殺菌作用** 唾液中具有抗菌作用成分，能夠殺死混在唾液中的某種細菌。

❹**潤滑作用** 使口中潮濕，舌能夠活動順暢。

❺**清掃作用** 使牙齒和口中潮濕，不容易附著食物殘渣，也具有將殘渣沖入胃內的作用。

❻**吞嚥** 使食物變軟，成為容易吞嚥的大小。

❼ **其他** 食物被唾液溶解而引出味道，由舌的味覺神經感應到後，即能分泌大量唾液。

①消化作用

要多撒一些才容易消化喔

唾液

②形成骨骼、牙齒

還要混合骨骼、牙齒的成長荷爾蒙喔

唾液

③殺菌作用

出去，不可以進來

細菌

④潤滑作用

要打濕牆壁喔

唾液

⑤清掃作用

牙齒

掃除牙齒的污垢喔

⑥吞嚥

為了避免中途殘留下來，要先將食物變軟喔

重點知識

一般消化器官

舌的作用

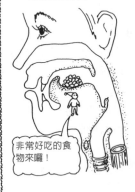

非常好吃的食物來囉！

★消化的作用

舌為了幫助消化，具有兩種作用。

❶ 就是能夠將食物與唾液混合，使臼齒容易磨碎食物，讓食物移動。

❷ 就是能夠大量分泌消化液、唾液。

當美味的食物進入口中時，舌的味覺神經將信號送達自律神經中樞，會反射性分泌大量唾液，促進消化。

★對於細菌等的防禦作用

細菌會從口進入身體，所以舌的深處和兩側有扁桃組織及淋巴球加以保護。

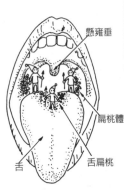

懸雍垂

扁桃體

舌　　舌扁桃

重點知識

一般消化器官

喉嚨的作用

❶在口中經由牙齒以及唾液消化的食物，藉著吞嚥動作得進入喉嚨（見左圖）。

❷舌頭往上隆起，往深處推，擠壓懸雍垂，阻塞與鼻腔之間的空氣通路，將食物往下推，而具有氣管蓋用的會厭即開始下降（中心圖）。

❸在吞嚥的一連串動作結束之前，完全阻塞氣管，並安全地將食物送到食道（右圖）

【參考】 喉嚨與食道的肌肉藉著吞嚥的一連串動作，一氣呵成，將食物壓送到胃內。

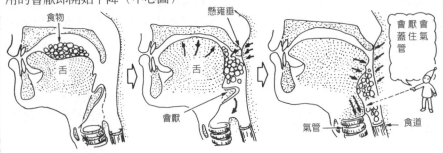

食物

舌

會厭

懸雍垂

舌

會厭會蓋住氣管

氣管　　食道

重點知識

食　道

食道構造與作用

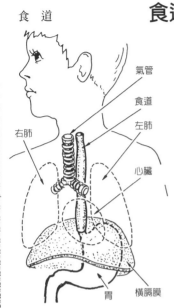

氣管

食道

左肺

右肺

心臟

橫膈膜

胃

★食道構造

食道是一條直管，連接喉嚨與胃。成人食道的長度約25cm。

下端貫穿橫膈膜（胸腹交界處的膜）處連接胃。

★食道的作用

食道是將在口中消化的食物送達胃的管子，其管壁有環肌與縱肌，兩者合力進行如波浪般的運動，強制性的將食物送達胃。

壁的內側有黏膜組織，會分泌黏液，使食物順利通過。

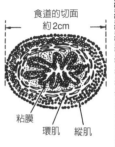

食道的切面約2cm

粘膜

環肌　縱肌

重點知識

食　道

吞嚥的食物會阻塞喉嚨的原因

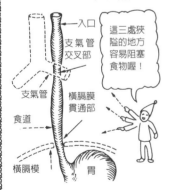

入口

支氣管交叉部

支氣管

食道

橫膈模

橫膈膜貫通部

胃

這三處狹隘的地方容易阻塞食物喔！

★ 食物容易阻塞處

食道並不是粗細相同的管子，入口和支氣管交叉處，和貫穿橫膈膜這三個地方會變窄變細。

變細部位容易因硬的食物而阻塞，或容易罹患癌症。

★阻塞的理由

食物通過食道時（如右圖所示）會相當膨脹，而由食道肌肉進行如波浪般的運動收縮，將其送到胃。

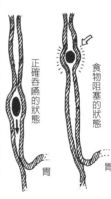

正確吞嚥的狀態

食物阻塞的狀態

胃　　胃

但如果在口中沒有充分混合唾液，無法變成柔軟的食物吞嚥時，就會阻塞在狹窄部，光靠肌肉的力量無法將食物往下送。但是，食道管還具有膨脹的餘力，因此光靠喝水等就能去除阻塞的狀態。

重點知識

食道

為何會引起「胃灼熱」？

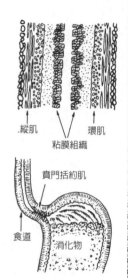

縱肌　　　　環肌

粘膜組織

賁門括約肌

食道　　消化物

★何謂賁門反射

食道與胃交界處有「賁門」關卡，平常是由括約肌將其堵住。

來自食道的食物下降至此時，括約肌就會放鬆，使食物通過。如果通過過多，就會反射性的關閉。

這就稱為賁門反射。如果此構造發生故障，就會引起胃灼熱等症狀。

★引起胃灼熱的構造

胃液中含有鹽酸，當鹽酸異常出現在賁門時會逆流回食道。

食道內壁的黏膜組織有許多層，非常強健，但還是無法抵擋鹽酸的強酸性，表面會被溶解糜爛，而出現胸口燒灼似的胃灼熱現象。

重點知識

食道

「噯氣」的發生原因

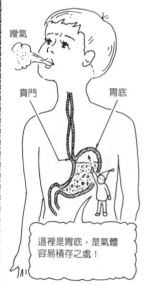

噯氣

賁門　　　胃底

這裡是胃底，是氣體容易積存之處！

★「噯氣」的構造

在胃的上部有「胃底」，是容易積存氣體之處。

喝啤酒或汽水時，其二氧化碳氣體積存在胃底。達到一定量時，由於胃的收縮，衝開賁門括約肌，用力從口中噴出，就是所謂的「噯氣」。

★容易出現「噯氣」者的特徵

因為胃功能不佳，食物長時間積存在胃中，會產生氣體。這時「噯氣」就會伴隨口臭（胃部內容物的氣味等）而出現。

有酸味的「噯氣」，證明胃酸過多。

無意識或下意識的吞嚥空氣，使得胃內儲存大量空氣，因而出現「噯氣」現象的人，疑似為胃神經症。

胃的作用

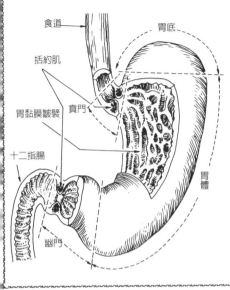

胃
食道
胃底
括約肌
賁門
胃黏膜皺襞
十二指腸
胃體
幽門

　　胃是袋狀器官，容量為1.4公升。其作用分為以下四部門：

　　★**賁門** 由食道進入胃的入口部，有括約肌，只有在食物通過之時才會打開。

　　★**胃體** 佔中央的大部分，藉著消化液所產生的化學作用及胃壁肌肉持續收縮的作用，而使食物變成柔軟的粥狀。

　　★**胃底** 連接胃體，往上膨脹的部分，會暫時積存氣體。

　　★**幽門** 由胃到十二指腸的出口處，這裡也有括約肌，只有在消化為粥狀的食物往下推擠時才會打開。

胃分泌胃液的構造

胃
賁門部
胃底‧胃體部
幽門部

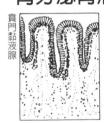

賁門黏液腺

胃底‧胃體的分泌腺

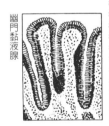

幽門黏液腺

　　胃壁有無數的分泌腺，成人每天會分泌2~3公升的胃液。在此說明分泌的構造。

　　食物進入胃時會成為一種信號，胃黏膜就會製造出胃分泌素荷爾蒙，送到血液中。

　　荷爾蒙循環全身到達胃，刺激胃腺、賁門腺、幽門腺，而開始分泌胃液（主要的胃液分泌腺為胃腺）。胃液分泌腺包括主細胞、旁細胞、副細胞等3種。主細胞分泌胃蛋白，旁細胞分泌鹽酸，副細胞則負責分泌黏液。

　　賁門部與幽門部也會分泌黏液（各自作用參照次頁）。

重點知識

胃液消化的化學作用

胃

胃液	作用
鹽酸………	混合在食物中進行細菌類的消毒。
胃蛋白酶…	分解蛋白質的酵素。
脂肪酵素…	將脂肪皂化的酵素。
唾液………	消化碳水化合物的酵素。
黏液………	保護胃壁避免鹽酸侵襲。

胃液（胃的消化液）含有以下成分。

★**鹽酸** 具有強酸性（PH 1.5～2）。如果單獨塗抹在皮膚上，會使皮膚糜爛。負責混合在食物中，殺死細菌的工作，同時也協助胃蛋白酶作用。

★**胃蛋白酶** 藉著鹽酸的協助，分解大分子蛋白質，進行消化的前階段工作。

★**脂肪酵素** 脂肪的消化是在十二指腸進行，但此酵素則進行其前階段的「脂肪皂化」的工作。

★**唾液** 分泌到口中，在口中消化碳水化合物（澱粉或醣類）。移入胃中後，也會持續藉著唾液消化20~30分鐘。

★**黏蛋白** 由黏液腺分泌，保護胃的內壁，避免受到鹽酸的侵蝕。

★**其他** 保護健康不可或缺的鈉、鉀、鈣、鎂等，都包含在內。

【參考】**胃蛋白酶** 必須在酸性的環境下才能發揮其消化作用。

重點知識

胃的機械消化作用

胃

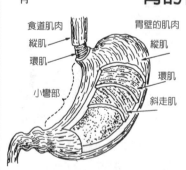

食道肌肉
縱肌
環肌
小彎部

胃壁的肌肉
縱肌
環肌
斜走肌

★**胃壁肌肉的構造**

食道只有2層肌肉（縱肌與環肌），但是胃壁的肌肉卻有3層（除縱肌、環肌外，還包括斜走肌）。

食道肌肉只負責運送食物，但胃壁的肌肉則進行複雜的收縮運動，強力磨碎食物。

★**胃的機械消化作用**

胃進行強力收縮運動的中心在小彎部，此處會反覆進行大幅度的收縮、放鬆，全體朝著縱向、橫向、斜向各方向進行複雜運動，使食物充分混合胃液，並磨碎食物。

蠕動運動 食物成粥狀之後，開始由上往下（到達通往十二指腸的出口）慢慢運送的運動（稱為蠕動運動）。

【胃持續的消化運動】

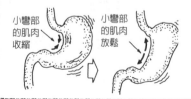

小彎部的肌肉收縮
小彎部的肌肉放鬆

【參考】**胃的運動** 是由自律神經調節，迷走神經作用旺盛時，就會抑制交感神經的作用。

重點知識

胃

食物通過胃的時間

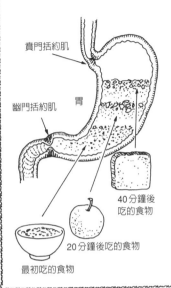

賁門括約肌

幽門括約肌

胃

40分鐘後
吃的食物

20分鐘後吃的食物

最初吃的食物

★以時間來看食物的消化順序

食物由食道下降時，因為刺激而使賁門打開，食物通過食道到達胃時就立刻關閉。

這時，進入胃中的食物先按照進入順序，成層狀重疊，藉著胃的收縮運動而被磨碎，與胃液充分混合。

胃液中含有大量水分，所以食物消化為粥狀，藉著蠕動運動慢慢送至幽門。

★食物的消化時間

食物通過胃的時間，若為液體只需要數分鐘，一般的食物則需 2~3 小時。

但脂肪具有使胃運動遲鈍的作用，因此如果攝取脂肪較多的食物，消化作用不佳，大約會停留在胃中 4 個多小時。

重點知識

胃

由幽門將消化物送達十二指腸的構造

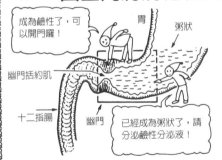

成為鹼性了，可以開門囉！

胃

粥狀

幽門括約肌

十二指腸

幽門

已經成為粥狀了，請分泌鹼性分泌液！

★幽門的構造

送達幽門部的粥狀消化物，經由胃液作用成為強酸性。

這種強酸性的消化物，若直接送往十二指腸，會使十二指腸內壁糜爛、燒灼。

但人體具有非常精巧的構造，由緊緊關閉的幽門括約肌把關，不讓食物輕易通過。

在這段時間內，幽門部分泌腺分泌鹼性的黏液，中和消化物的強酸性。

消化物成為安全的鹼性物質之後，幽門括約肌才會放鬆打開，藉著胃的蠕動運動，將消化物送達十二指腸。

★何謂幽門反射

幽門在通過的消化物為鹼性時才會打開，若是酸性，則會反射性的關閉。這個精巧的安全裝置一旦故障時，就會導致十二指腸潰瘍。

重點知識

胃

為何焦慮會損傷胃

焦慮時，胃液分泌平衡失調，會溶解掉胃壁喔！

★胃液分泌平衡失調的構造

看到、吃到美味的食物，或聞到美食的氣味時，自律神經會反射性的促進胃液分泌，增加食慾。

相反的，如果焦慮，或有擔心的事情時，自律神經的抑制作用發揮功能，保護胃內壁（避免鹽酸侵襲）的黏液（稱爲黏蛋白）的分泌量就會減少。

這時，胃的內壁(成分爲蛋白質)被胃中的鹽酸溶解，原本應該進行分解食物中蛋白質作用的胃蛋白酶就會消化掉胃壁。

這時，胃壁的組織就會出現燒灼、糜爛現象(胃炎)。症狀繼續惡化時，胃壁就會被胃蛋白酶消化(消化性胃潰瘍)。

★胃的消化作用減弱的構造

胃的消化（收縮）運動與胃液的分泌都是透過大腦中樞的丘腦下部，受到自律神經強烈的影響，在不快的神經狀態下，會抑制胃的消化作用。

如果以上兩種情形交替出現時，胃潰瘍會急速惡化。

【參考】胃的運動是由神經調節。迷走神經會使運動亢進，而交感神經會抑制運動。

重點知識

胃

什麼時候會吐出食物

★引起嘔吐的原因

❶吃了腐敗食物或有毒的食物時。

❷胃部疾病、腸的疾病、腦的疾病等，胃無法正常接受食物的狀況下，也會引起嘔吐。

❸有不快的聯想、惡臭、暈船耳中的半規管不穩定、高山症缺氧等，導致中樞神經受到刺激時。

★引起嘔吐的構造

嘔吐是指吐出胃的內容物，藉此保護身體的反射運動。通常先嘔吐，然後胃和食道產生不快感，呼吸、心跳紊亂、唾液增加，還會打呵欠。

一旦開始嘔吐時，幽門括約肌就會緊緊關閉，阻止胃的內容物繼續往前行，而賁門括約肌則是放鬆的。

接下來的一瞬間，幽門部扭曲，橫膈膜與腹肌一舉強力收縮，推出內容物（並不是胃的逆動運動）。

嘔吐的瞬間，鼻腔和氣管的入口具有緊緊關閉的構造喔！

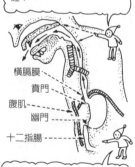

橫膈膜
賁門
腹肌
幽門
十二指腸

嚴重時，連十二指腸內的黃色消化液（膽汁）都會吐出來喔！

重點知識

胃

胃酸過多的人和胃酸過少的人

胃酸過多的人，會增進胃液分泌的辛香料或鹹、甜、酸的食物、肉類、新鮮水果、咖啡等盡可能不要攝取。

★胃酸過多的人

『胃酸過多』的人大多指胃液的分泌量過多，或胃的消化物通通送達十二指腸後，還繼續分泌胃液。

胃液中的鹽酸酸性太強的例子並不少。

不管是哪種情況，胃酸過多的人容易得胃潰瘍或胃炎。此外，也會出現胃灼熱、胃不快感、胃痛、噁心等症狀。

★胃酸過少的人

『胃酸過少』或『沒有胃酸』的人容易引起消化不良或慢性下痢的症狀。

理由就是胃所分泌的胃蛋白酶消化酵素得不到強酸的幫助，因此無法消化蛋白質。

未消化的食物直接送到小腸，無法成為營養被吸收，反而成為腐敗細菌繁殖的場所，也有人因而引起腐敗性的下痢症狀。

重點知識

胃

空腹時胃痛的原因

肚子餓，胃就痛囉！

★何謂「飢餓感」、「飢餓痛」

吃過東西後，過了 3~6 小時（胃處於空空的狀態），上腹部產生的不快感，稱為「飢餓感」。

當飢餓感不斷出現，形成消化性的胃潰瘍或十二指腸潰瘍時會出現鈍痛，就稱為「飢餓痛」。

★為什麼會引起飢餓感和飢餓痛呢？

空胃平常應該暫停胃液分泌或收縮運動，但有時在空腹的狀態下，胃還是會進行胃液分泌或收縮運動。

胃液中所含的鹽酸或胃蛋白酶（消化酵素），會使胃壁被燒灼、糜爛，而引起飢餓感和飢餓痛。

★飢餓感或飢餓痛的治療方法

光是去除不快感或疼痛，只需要少量水分，或吃一點點心就足夠了。但根本的治療法則是早、午、晚三餐一定要在規律、正常的時間進食。

重點知識

十二指腸的構造

小 腸

【十二指腸的剖面圖】

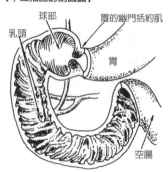

球部
胃的幽門括約肌
乳頭
胃
空腸

★十二指腸的構造

十二指腸由膨脹、圓形的球部與內壁有環狀皺襞的管部構成。中間有大小兩種乳頭（像人類乳頭一樣的膨脹處），而從其洞中會排出膽汁或胰液等。

★絨毛的作用

腸壁內側的皺襞有無數絨毛，這是只有在顯微鏡下才觀察得到的組織，具有擴大與消化物接觸面積的作用。

腸壁

粘液腺
十二指腸

絨毛根部有產生黏液的黏液腺，而在球部與乳頭周圍有會產生鹼性液體等的十二指腸腺，具有特別的作用（參照次頁）。

重點知識

與十二指腸關係密切的內臟

小 腸

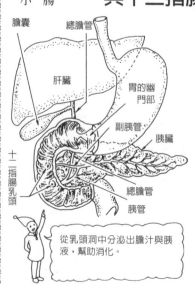

膽囊
總膽管
肝臟
胃的幽門部
副胰管
胰臟
十二指腸乳頭
總膽管
胰管

從乳頭洞中分泌出膽汁與胰液，幫助消化。

十二指腸與以下三種內臟有密切的關係。

★1・肝臟

肝臟細胞會製造出黃色液體膽汁，膽汁在十二指腸能將脂肪變成容易吸收的形態。

★2・膽囊

膽囊為儲藏膽汁的袋狀構造，當膽汁水分被吸收時，會濃縮為八倍的濃度。

★3・胰臟

胰臟是製造胰液的組織，胰液在十二指腸的作用為①使碳水化合物（澱粉）變成容易吸收的物質（糖）的作用；②使脂肪分解為容易吸收的物質；③使蛋白質分解為容易吸收的大小。

重點知識

小　腸

十二指腸的功能

❶消化物（酸性）由胃進入十二指腸時，成為一種信號，由十二指腸腺分泌以下兩種荷爾蒙。

❷第一種為腸促胰酶素，這種荷爾蒙作用於膽囊，將膽汁排泄到十二指腸乳頭。也會作用於胰臟，將消化液同樣排到乳頭（但消化液若不是在鹼性的環境中，就無法發揮消化力

量）。

❸要製造出這樣的環境，需要第二種的腸促胰液肽荷爾蒙。

這種荷爾蒙會作用於胰臟，使其分泌重碳酸鈉（鹼性），使酸性的消化物變成弱鹼性。

❹分泌腸促胰液肽後，十二指腸開始蠕動運動。當消化物變成鹼性時，由胰臟消化液開始進行消化。

【參考】膽汁或胰液的調節

膽汁・胰液的排泄量，由十二指腸分泌腺分泌的特別荷爾蒙來調節，但是自律神經也分擔這項工作。

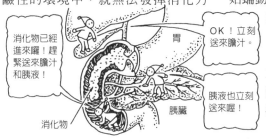

消化物已經進來囉！趕緊送來膽汁和胰液！

胃

OK！立刻送來膽汁。

胰液也立刻送來喔！

胰臟

消化物

重點知識

小　腸

十二指腸容易形成潰瘍的理由

❶蛋白質分子太大或無法成為營養被腸壁吸收時，在胃與十二指腸分為兩階段，分解為氨基酸小分子。

❷第1階段在胃中分解會使蛋白質變小的物質「胃蛋白酶」消化液。但是胃蛋白酶如果不是在酸性的環境中，就無法發揮消化力，所以胃會分泌強烈的鹽酸。

❸第二階段的十二指腸，因為腸內是鹼性，所以胃蛋白酶的消化力變成零，取而代之的則是由胰蛋白酶(胰液中所含的消化液)完成消化的工作。

胰蛋白酶必須在鹼性的環境才能發揮消化作用，因此胃的出口幽門部，

或十二指腸入口的球部附近開始分泌鹼性消化液，中和胃的酸性，使消化物變成鹼性。

【形成潰瘍的理由】❹但是這個調節系統的紊亂，胃內消化物仍然維持強酸性，被推擠到十二指腸。

❺這時，胃液的胃蛋白酶仍然持續旺盛的消化作用，而十二指腸的腸壁（成分為蛋白質），就會被消化溶解。

因此形成的潰瘍就稱為消化性潰瘍。

啊！被胃液吃掉了！

胃

十二指腸

重點知識

小腸

小腸的構造

【小腸的構造】

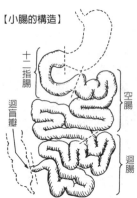

十二指腸

空腸

迴盲瓣

迴腸

★小腸的構造

小腸是由十二指腸、空腸、迴腸等三個部分所構成，全長成人約為5～7m。在身體中藉著腸管的肌肉(參照次頁上段)的力量收縮、蠕動，因此會縮短為3m。

通常我們所說的小腸是指除了十二指腸之外的空腸與迴腸（小腸上方2/5為空腸，下方3/5為迴腸）。

★空腸與迴腸的不同

空腸與迴腸只是醫師為了便於解剖而加以區分的，實際上只有迴腸的腸液分泌腺稍微多一點，其他則完全相同。

★迴腸末端迴盲瓣的作用

迴腸的出口，也就是與大腸的交接處有迴盲瓣。為了防止推擠到大腸消化物逆流，因此會使腸口緊閉，具有逆流防止瓣的作用。

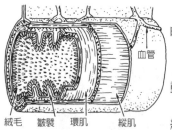

迴腸

迴盲瓣

【參考】消化與吸收主要在小腸進行。人切除胃還可以生存，但若沒有小腸，就無法存活了。

重點知識

小腸

小腸的作用

血管

絨毛　皺襞　環肌　縱肌

小腸對消化物進行機械性的消化作用與化學的消化作用。

★小腸的機械消化作用

小腸壁有環肌及縱肌，巧妙進行「蠕動運動」，使消化物與消化液充分混合進行消化。

蠕動運動的能量是由流入細動脈的血液所補給的。

腸一分鐘會以15～20次的比例進行特別的收縮運動，稱為腸的蠕動運動。主要進行以下兩種作用。

★何謂蠕動運動？

第一種是用收縮力磨碎消化物的運動；第二種為傳達波浪般的收縮，將消化物送達前端的運動。小腸進行這個運動需要花上4～6小時，完成消化。另一方面又會吸收營養，將殘渣送達大腸。

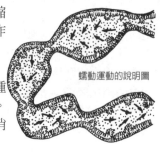

蠕動運動的說明圖

小　腸

小腸絨毛具有何種作用？

絨毛

★小腸的化學消化作用

小腸壁內側必須用顯微鏡才能觀察到有如天鵝絨般柔軟的「絨毛」，好像絨緞般密生。

小腸內有 500 萬條絨毛，而表面積達到人體表面的 5 倍，因此能擴大與消化物的接觸面，絨毛根部附近分泌的腸液（消化液）進行消化食物的工作也才能夠順利完成。

★營養吸收的構造

絨毛表面有稱爲吸收上皮的組織，負責吸收消化物中的營養。而吸收的營養則進入流通在毛細血管的血液中，經過門脈血管而送達肝臟。

通過絨毛中心的淋巴管（淋巴液）主要負責運送脂肪，而消化物中的營養幾乎在小腸被完全吸收。

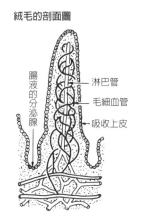

絨毛的剖面圖

腸液的分泌腺

淋巴管
毛細血管
吸收上皮

大　腸

大腸的構造

★大腸的區分法

大腸分爲盲腸、結腸、直腸三部分，成人的長度約 1.5～1.7m。

其中結腸最長的部分又分爲升結腸、橫結腸、降結腸、乙狀結腸四部分。

結腸的特徵爲：❶有結腸袋、❷有三條結腸帶、❸有腹膜垂。

★消化物的通道

從小腸迴盲瓣推擠過來的消化物通過結腸時，水分會被吸收，成爲糞便，儲藏在直腸（或乙狀結腸），由肛門排泄到外部。

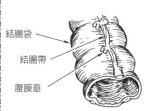

結腸袋
結腸帶
腹膜垂

【結腸的構造】

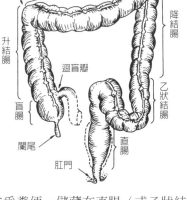

曲
橫結腸
曲
降結腸
升結腸
迴盲瓣
乙狀結腸
盲腸
闌尾
直腸
肛門

重點知識

大 腸

大腸的位置

❶ 在背後側脊椎骨兩側有腎臟（左圖）。

❷好像與腎臟重疊似的大腸（升結腸與降結腸黏在後腹壁）就在這個位置，而下側的盲腸和乙狀結腸、直腸則收納在骨盆的陷凹處（中圖）。

❸小腸好似被大腸包住似的，塞在中間的空處，升結腸、降結腸、乙狀結腸則重疊在小腸下方，而橫結腸重疊在上方（右圖）。

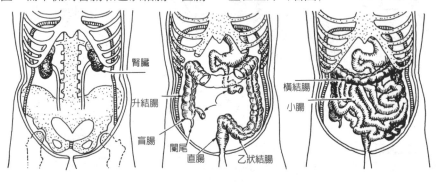

腎臟
升結腸
盲腸
闌尾
直腸
乙狀結腸
橫結腸
小腸

重點知識

大 腸

結腸的作用

【結腸壁的放大剖面圖】

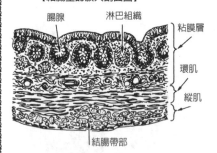

腸腺　淋巴組織
粘膜層
環肌
縱肌
結腸帶部

★結腸壁的構造

結腸的內側由黏膜層覆蓋，有腸腺分泌腸液。

小腸內壁有無數絨毛，但結腸沒有絨毛。

★結腸的作用

小腸吸收營養後，消化物殘渣由迴盲瓣擠出，藉著蠕動運動，朝著升結腸→橫結腸→降結腸→乙狀結腸前進。

❶這段期間內，分泌鹼性的腸液（黏液）。這種黏液可以潤滑並保護內壁，使消化物順利通過，不含有消化酵素。

❷小腸內未消化掉的纖維質，藉著棲息在大腸內的大腸菌分解消化。

❸這些特別的營養和水分一起被吸收，剩下的成為糞便，送達直腸。

重點知識

盲腸・闌尾的作用

大 腸

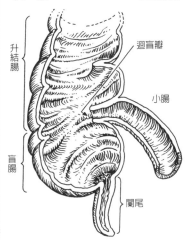

升結腸

迴盲瓣

小腸

盲腸

闌尾

★盲腸的作用

鳥類或草食性動物的盲腸較發達，負責消化的作用。

但是，成人的盲腸長約 5～6cm，爲袋狀器官，並不具有消化的作用。

★闌尾的作用

闌尾附著於盲腸下，直徑約 0.5～1cm，長 6～8cm 的器官，是由盲腸的一部分退化縮小而形成的。

這裡有發達的淋巴組織，也許能發揮身體的防衛機能。即使動手術切除，也不會對健康造成影響。

重點知識

直腸的作用

大 腸

腹腔

尿道口

陰道口

肛門

直腸

★直腸的構造與作用

直腸在乙狀結腸與肛門之間，成人的長度爲 20cm，是負責排便的器官。

直腸不像結腸，完全沒有進行消化或吸收的組織。

★排便的構造

結腸製造出來的糞便進入直腸後，藉著骨盆腔自律神經的反射功能，而產生便意。

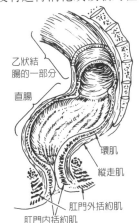

乙狀結腸的一部分

直腸

環肌

縱走肌

肛門外括約肌

肛門內括約肌

想要排便，下腹部用力，對腹腔加諸強大的壓力，壓迫直腸。直腸壁的肌肉（包括環肌及縱肌）也合力進行收縮與伸展，推開肛門括約肌，將糞便擠出體外。

【參考】便秘的原因　運動不足、神經過敏或者是多產婦，由於腹壁的壓力減弱，力量無法持續，因此容易造成便秘。

重點知識

肛門的構造

大　腸

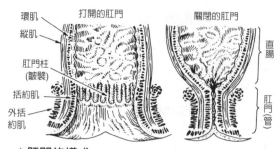

環肌
縱肌
肛門柱
(皺襞)
括約肌
外括
約肌
打開的肛門
關閉的肛門
直腸
肛門(管)

約肌，經常使肛門緊閉。

直腸藉著擠出糞便的力量，將肛門(括約肌)推開。

所以糞便通過，並不是因為肛門括約肌放鬆的緣故。

★肛門的構成

肛門又稱為肛門管，位於消化器官的最末端，長約2.5cm，是排泄糞便的栓。

稱為肛門柱的皺襞狀處會分泌黏液，具有潤滑的作用，使糞便順利通過。

★排便的構造

肛門周圍有內側與外側的雙重環括

【參考】肛門保持清潔的構造

肛門皺襞分泌出來的黏液兼具使排泄的糞便「順利脫離」的作用。

也就是說，健康的排便會使肛門完全不會殘留任何糞便，能乾淨的脫離。

就好像炒菜鍋中倒入油，煎蛋之後，鍋子仍非常乾淨一樣。

重點知識

肛門形成痔瘡的真相

大　腸

肛門
大便
4cm

肛門平時是緊閉的，只有在排便時才會被推開。

例如，進行直徑為4cm的排便時，糞便長約為12cm以上，這時肛門括約肌會被拉扯，達到12cm以上。

但其周邊有發達的細小靜脈血管，如網眼般遍佈。因此排便時，血管也會被拉長或收縮。

這時，較弱的靜脈血管容易失去彈

性，無法收縮以恢復原狀，因此就會如瘤一般隆起。

這個靜脈瘤就是痔瘡的真相。

直腸靠近肛門附近的瘤稱為內痔核，靠近肛門外側則稱為外痔核，會非常疼痛，肛門血管也可能破裂，引起出血。

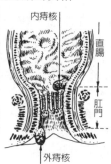

內痔核
直腸
肛門
外痔核

重點知識

胰臟

胰臟的位置

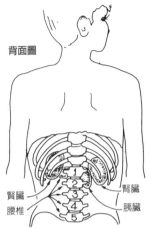

背面圖

腎臟
腰椎

腎臟
胰臟

★從背後看的位置

胰臟沒有固定的形狀，成人長度約15cm，厚度約2cm，是鬆軟的黃色器官。

背面的位置是在五條腰椎中，從上方數來第1、2條附近，橫陳於該處。

★從前面看的位置

就好像躲在胃後方一樣，頭接近身體中央位置，而尾端則朝左邊延伸。

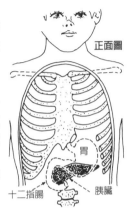

正面圖

胃

十二指腸
胰臟

因此胰臟發炎時，腹部左上方會產生疼痛感。有時會誤以為是胃或心臟疼痛。

重點知識

胰臟

胰臟的作用

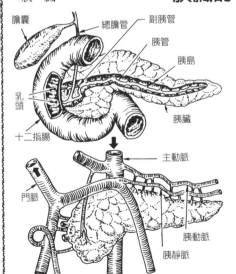

膽囊
總膽管
副胰管
胰管
胰島

乳頭
十二指腸
胰臟

主動脈
門脈
胰動脈
胰靜脈

胰臟具有以下兩種作用。

★其1.胰液的分泌

胰臟的某個細胞會分泌胰液消化酵素，就好像樹幹一樣，在中央有胰管聚集。

因此，十二指腸利用特別的荷爾蒙輸出訊號時，會以擠出的方式，將胰液排出到乳頭（正確名稱為十二指腸乳頭）。

★其2.荷爾蒙的分泌

胰臟的2種細胞分泌胰島素及增血糖素，這是兩種作用完全相反的荷爾蒙，血液中的血糖量即靠這兩種荷爾蒙來調節。

重點知識

胰臟　胰臟分泌的胰液與荷爾蒙的作用

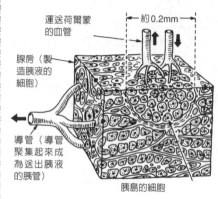

運送荷爾蒙的血管

約0.2mm

腺房（製造胰液的細胞）

導管（導管聚集起來成為送出胰液的胰管）

胰島的細胞

★顯微鏡觀察到的胰臟構造

❶排列成環狀、相連的「腺房」細胞是分泌胰液的外分泌腺。

❷腺房的集合體，看起來像小島一樣，則是稱為「胰島」的內分泌腺。

其中的 β 細胞會分泌胰島素，而 α 細胞則分泌增血糖素，調節血糖的濃度。

★胰液的功能

成人一天約分泌0.7～1公升的胰液，含有各種消化酵素，消化碳水化合物、蛋白質及脂肪。

★荷爾蒙的功能

食物中所含的碳水化合物由消化器官消化分解為葡萄糖，在小腸壁被吸收至血液中。

因此，進食後血液中的血糖濃度會升高。但這只是暫時的現象，過了2～3小時，又會下降到平常的濃度。

這是因為胰臟的 β 細胞所分泌的胰島素會

❶將血液中的葡萄糖不斷送達體內組織，成為活動的熱量消化掉。

❷多餘的葡萄糖變成脂肪，儲存在脂肪組織中。

❸同時會變成糖原物質，儲存在肝臟內。

如果運動消耗過多熱量，則血液中

血糖濃度會過度降低。

而這時， α 細胞就會分泌增血糖素。

❶流到全身的血液中，將儲存在肝臟的糖原還原為葡萄糖。

❷或動員全身的脂肪組織細胞成為熱量源，使血液中的血糖濃度恢復正常。

【重點】所以，兩種荷爾蒙藉由這些作用，就能夠保持血糖濃度的平衡。

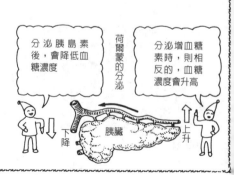

分泌胰島素後，會降低血糖濃度

荷爾蒙的分泌

分泌增血糖素時，則相反的，血糖濃度會升高

下降

胰臟

上升

肝　臟

出入肝臟的血管與膽管

【肝臟血液的流向】

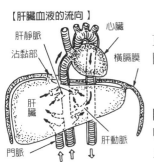

肝靜脈
沾黏部
肝靜脈
心臟
橫膈膜
肝臟
門脈
肝動脈

肝臟位於上腹部右側，成人肝臟重約1200公克，是內臟中最大的器官。肝臟黏在橫膈膜下方，因此會隨著呼吸運動而上下移動。

★出入肝臟的血管作用

肝臟有**肝動脈**（供給肝臟所需之氧氣和營養）及**門脈**（運送由消化器官吸收而來的營養），有血液流入此處。

進行各種處理（參照次頁）後的血液會聚集在肝靜脈，通過心臟送達全身。

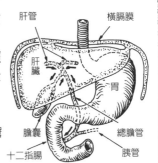

肝管　　橫膈膜
肝臟
胃
膽囊　　總膽管
十二指腸　　胰管

★肝臟製造膽汁的流向

此外，肝臟也會製造膽汁、消化酵素，儲存在膽囊或送入十二指腸。

肝　臟

肝臟細胞的構造

肝細胞的帶子
肝細胞
通達肝靜脈
毛細血管

【肝小葉的放大圖】

用顯微鏡觀察肝臟，發現肝臟細胞成星形排列，是1～2mm四方形的組織（參照左圖），稱為肝小葉。

仔細觀察肝小葉會發現，在肝靜脈（的微血管）周圍排列著帶子相連的肝細胞，而在行列間細小的縫隙就成為血液的通道。

★肝細胞的作用

由肝動脈流入的血液通過肝細胞行列間時，可由肝細胞吸收其營養和氧，成為活動的熱量。

此外，由門脈流來的血液中可以吸取到由小腸吸收的營養，經過各種處理，吞噬、殺死掉摻雜其中的細菌（詳情請參照次頁）。

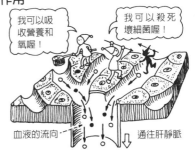

我可以吸收營養和氧喔！

我可以殺死壞細菌喔！

血液的流向　　通往肝靜脈

重點知識

肝 臟

肝臟的功能

【肝臟的肝小葉模型圖】

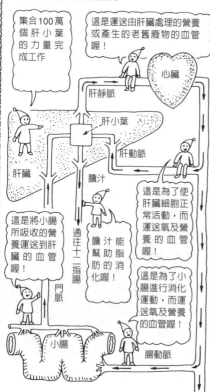

肝靜脈的血液

肝小葉

來自門脈的血液

來自肝動脈的血液

膽汁

【肝臟血液流向說明圖】

集合100萬個肝小葉的力量完成工作

這是運送由肝臟處理的營養或產生的老舊廢物的血管喔!

心臟

肝靜脈

肝小葉

肝動脈

肝臟

膽汁

這是將小腸所吸收的營養運送到肝臟的血管喔!

門脈

膽汁能幫助脂肪的消化喔!

通往十二指腸

這是為了使肝臟細胞正常活動,而運送氧及營養的血管喔!

這是為了小腸進行消化運動,而運送氧及營養的血管喔!

小腸

腸動脈

★營養的調整・儲藏作用

❶小腸吸收的葡萄糖、果糖、脂肪酸等,成為糖原物質,儲藏在肝臟。

身體需要熱量的時候,糖原又會還原為葡萄糖,隨著血液流遍全身。

❷儲藏在身體脂肪組織的脂肪會先送到肝臟,轉換成熱量加以活用。

❸蛋白質成為構成身體組織的成分,而多餘的成為糖原,儲藏在肝臟之中。

★解毒的作用

❶構成體組織的蛋白質藉著新陳代謝分解,產生具有毒性的氨,但肝細胞會將血液變成無害無益的尿素。

尿素溶解於血液中,送達腎臟,最後隨著尿液排泄掉。

❷其他的毒素或細菌等也會分解成無害的物質。

★紅血球的分解作用

老舊的紅血球中的血紅蛋白會分解成膽紅素,成為膽汁的原料,而鐵質則成為新的紅血球的原料。

★膽汁的產生作用

（詳情請參照次頁）

★體溫的維持作用

肝細胞非常活躍時會產生大量的熱,隨著血液運送到全身,維持7成的體溫。

④消化器官系統

重點知識

膽囊

膽囊的作用

★膽囊的位置與構造

由肝臟肝細胞所製造的膽汁聚集在肝管，然後通過膽囊管運送到膽囊。

膽囊是儲存膽汁的肌肉袋，像嵌在肝臟內側陷凹部分似的，懸掛在那兒。

膽囊管是膽汁的通道，開口於肝管與總膽管相連處。

肝臟　肝管　膽囊管

總膽管

膽囊

胰管

十二指腸

★膽囊的作用

膽囊從運送來的膽汁中擠出水分，儲存濃縮成8倍的膽汁。

胃將消化物送達十二指腸時，配合荷爾蒙的訊號，膽囊袋狀肌肉會收縮，擠出膽汁。

膽汁有時也會從肝臟直接送達十二指腸。

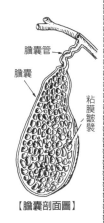

膽囊管

膽囊

粘膜皺襞

【膽囊剖面圖】

重點知識

膽囊

膽汁的作用

★膽汁的成分

膽汁是肝臟細胞製造的弱鹼性黃色液體，成人一天約分泌0.7～1公升。

其中所包括的成分有水（97％）、膽汁酸、膽紅素（膽汁色素）、膽固醇等，並沒有消化酵素。

此外，肝臟解毒後的有害物質也包括在內，所以膽汁在中途會暫時儲存在膽囊中。

在此擠乾水分之後，儲存的膽汁就變成黃褐色或綠色。

★膽汁的作用

❶膽汁酸具有乳化脂肪的力量，簡單的說就是進行將脂肪變成容易消化吸收形態的工作。

由胃送來的脂肪在十二指腸由膽汁（膽汁中的膽汁酸）乳化之後，才能完全進行胰液或小腸液的消化。

膽汁酸也可以幫助不溶於水的（脂溶性）維他命的吸收。

❷膽紅素（參照前頁）是成為膽汁顏色的物質。

藉著大腸內細菌的分泌物，變成褐色物質尿膽素，最後成為糞便排泄到體外。

4 消化器官系統

重點知識

一般消化器官

口臭的成因

鼻
口腔疾病
口中不清潔
喉嚨疾病
氣管疾病
肺部疾病
食道疾病
胃部疾病

這個人是不是有蛀牙啊？

★口腔（口中）惡臭的原因

若停止呼吸時仍有口臭，則表示原因出在口腔內。

蛀牙或刷牙不完全，積存的齒垢因為細菌而腐敗發酵，就會產生惡臭。

因此，只要好好的刷牙漱口，就能去除口臭。

即使做好口腔清潔，但仍殘留惡臭，這可能是因為牙周病、齒髓壞疽、口腔發炎、慢性扁桃炎等造成的。

★呼氣（吐氣）惡臭的原因

停止呼吸時不感覺有口臭，但吐氣時卻會有臭味，則可能是鼻腔、喉嚨、氣管、肺部等某處出現伴隨壞疽等的疾病。

此外，「噯氣」也有臭味，則可能是食道或胃出現潰瘍。

總之，這些症狀只要接受醫師的診治，就能去除臭味了。

重點知識

一般消化器官

何時肚子會「咕嚕、咕嚕」的叫？

★咕嚕、咕嚕的真相

吃完飯，過了幾個小時之後，肚子突然咕嚕咕嚕的叫，這就表示肚子餓了。

這是因為在小腸末端或大腸的粥狀消化物和氣體共存，進行蠕動運動時，先送走的氣體所發出的聲音，是稱為「腹鳴」的生理現象。

★會出現腹鳴的原因

吃了容易產生氣體的食物容易引起腹鳴，但腸胃不好的時候，

那是肚子裡的蟲在叫了！

咕嚕咕嚕

發出「咕嚕咕嚕」的聲音時

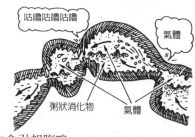

咕嚕咕嚕咕嚕

氣體

粥狀消化物

氣體

也會引起腹鳴。

這是因為腸的吸收力變遲鈍，粥狀消化物送達大腸菌棲息處時，由於大腸菌的活躍，造成腐敗、發酵不斷進行而產生的氣體。而液體狀的消化物和氣體共存，就容易產生腹鳴的現象。

重點知識

消化器官

食物會停留在胃裡多久呢？

吃下的食物停留在胃裡的時間如下表所示。

一般而言，動物性食品比植物性食品需要花較多時間消化。此外，牛、羊、豬肉比雞肉久，而雞肉又比魚肉久。脂肪較多則需要更多的時間消化。

★消化時間 數分鐘～2小時
▶飲料食品…水、綠茶、含糖飲料
▶植物性食品…果汁、蘋果、葡萄、橘子、葛湯、粥、少量的米飯或麥飯
▶動物性食品…魚湯、半熟的蛋

★消化時間2～3小時
▶飲料食品…日本酒、啤酒、咖啡
▶植物性食品…白蘿蔔、胡蘿蔔、蕪菁、牛蒡、菠菜、蔥、羊蔥、茄子、小黃瓜、西瓜、南瓜、馬鈴薯、紅豆、梨子、枇杷、桃子、柿子、麥麩、昆布、豆腐、仙貝、羊羹、小餅乾、蕎麵、烏龍麵、米飯、少量的年糕
▶動物性食品…雞肉湯、牛乳、生雞蛋、牡蠣、油脂較少的魚（水煮、火烤、生魚片）、長條型蛋糕、冰淇淋、優格

★消化時間3~4小時
▶植物性食品…甘薯、竹筍、慈菇、大豆、豌豆、蒟蒻
▶動物性食品…油脂較多的魚、泥鰍、文蛤、魚板、油脂較少的牛肉、豬肉、水煮蛋、煎蛋

★消化時間4小時左右
▶植物性食品…澱粉
▶動物性食品…油脂較多的牛肉（牛排、日式牛肉火鍋）與豬肉、鰻魚、青魚子

重點知識

消化器官

食物通過腸的時間

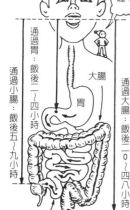

產生氣體時會加快通過時間喔！

通過胃
通過小腸：飯後二～四小時
通過小腸：飯後五～九小時
大腸
通過大腸：飯後二○～四八小時
小腸

★食物通過消化器官的時間

食物消化吸收的時間如左表所示，難以消化的食物所需時間更長。

此外，腸胃功能不佳時，食物無法完全消化就送達前端，由於大腸菌的活躍，會造成腐敗發酵，而產生氣體。此氣體會刺激腸壁，使蠕動運動旺盛，因此加速排便的時間。

早餐後，為什麼想上廁所呢？

★每天吃完早餐就想排便的原因

食物進入胃中，尤其是冰冷的食物，由於自律神經的作用，進行旺盛的大腸蠕動運動，這種現象就稱為「胃‧大腸反射」。

每天早上在飯後一定會產生便意，就是因為這個因素，也可能長時間的習慣而造成的。

如果無法產生便意時，最好喝一些冰牛乳，持續一陣子，一定會想要排便的。

重點知識

消化器官

放屁的真相

★健康人屁的氣味

甘薯等部分蔬菜含有大量纖維，而人類的胃腸無法消化纖維，因此會直接送達大腸。

大腸內的細菌會使纖維分解腐敗、發酵，成為其他的物質，產生甲烷、二氧化碳、氫氣等無臭的氣體。

這就是屁的真相。健康人的屁一般而言是不會臭的。

【參考】瞬間燃燒的屁

將屁裝進塑膠袋裡點火，因為混合空氣後，甲烷和氫氣具有爆炸性，因此會瞬間燃燒。

★胃腸孱弱者屁的氣味

在胃腸中沒有被消化掉的蛋白質，由於分子太大，因此小腸無法吸收，直接送往大腸進行腐敗、發酵作用。

蛋白質分解就好像臭蛋一樣，會產生硫化氫，此外由蛋白質變化而來的物質會被分解為吲哚、糞臭素等產生強烈惡臭的物質。

胃腸較弱者的屁因為這種惡臭成分比健康人更多，所以聞起來很臭。

放的屁好臭啊！表示胃腸功能不好喔！

重點知識

消化器官

糞便中含有哪些物質

★糞便的成分

成人一天會排泄 100～250 公克的糞便，其中含有以下成分：

❶食物中未被消化吸收的殘渣

❷腸內的細菌（水分被大腸吸收後，成為固體狀）

❸胃或腸的上皮細胞（管內的表面細胞，每 2~3 日就會更新一次，老舊細胞會剝落）

❹體內剩餘的物質（鐵、鈣、鎂、磷等）

★糞便顏色與氣味的真相

顏色…在十二指腸內混合膽汁的消化物，含有黃色物質膽紅素。

通過腸內時，消化物被染成黃色，而大腸內細菌會使其變成褐色的尿膽素物質，所以排泄出的糞便也是褐色的。

氣味…沒有被消化吸收的蛋白質，由於大腸內細菌進行腐敗、發酵，變成如臭蛋般氣味的硫化氫和糞臭素中所含的惡臭物質都會出現。

這些都是造成糞便惡臭的根源。

糞便顏色與小便顏色的成分相同喔！

重點知識

營養

何謂營養素？

人為了維持生命，為了健康的活動，需要的原動力就是營養。營養素分為碳水化合物、脂肪、蛋白質、礦物質、維他命等五大類。

水和空氣是不可或缺的，但一般而言，並不包括在營養內。

▶**碳水化合物與脂肪** 這兩者供應保持體溫的熱量及活動的熱量。

人類的五大營養素

就好像汽車的汽油一樣。

▶**蛋白質** 幾乎所有的人體組織都是以蛋白質為主要成分，所以一旦缺乏蛋白質，就會無法維持生命。

▶**礦物質** 例如骨骼成分的鈣質等，也是維持生命不可或缺的物質。

▶**維他命** 雖然不像碳水化合物或脂肪等為熱量源，也不像蛋白質或礦物質等是身體的組成成分，但卻是維持生存不可或缺的物質。

【**參考**】醣類、脂肪、蛋白質稱為熱量素。

重點知識

營養

何謂卡路里？

★**物理學的1卡路里（cal）的意義**

使1公克的水，溫度上升1度所需的熱量就是1卡路里，使用cal為單位記號。

★**營養學的1卡路里（Cal）的意義**

而物理學1卡路里的熱量其實非常小，因此營養學將其增加1000倍，稱為1大卡(或1仟卡)，記號也將開頭字母改為大寫，成為Cal。

營養學的1卡路里是物理學的1000卡路里

一根香蕉的熱量為100大卡

所以，實際上如果在各處都要使用「大卡」，加上一個大字，實在很麻煩，所以也簡稱為「卡」。

★**運動的能量也以熱量單位卡路里來表示的理由**

摩托車或汽車以汽油為能源燃燒，變成熱能，然後其中一部分才能轉換為動能，使車子往前行。

人也是相同的，從碳水化合物或脂肪得到的熱量能維持體溫，進行運動。

能源
汽油

熱量源
碳水化合物或脂肪等

重點知識

營養　利用100大卡可以進行的運動量

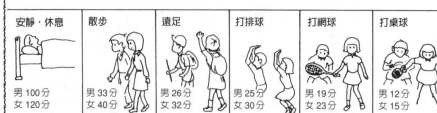

安靜・休息	散步	遠足	打排球	打網球	打桌球
男100分 女120分	男33分 女40分	男26分 女32分	男25分 女30分	男19分 女23分	男12分 女15分

★熱量的基礎消耗量

人在安靜時，平均每小時每公斤體重會消耗1大卡（Cal）的熱量。

在休息的時候，心臟和肺臟還是持續活動，全身細胞進行新陳代謝的活動，而且必須維持體溫，所以會消耗熱量。

★運動中的熱量消耗量

用餐時，消化器官的活動開始進行，會增加熱量的消耗量。

一旦運動，加入全身肌肉的活動，對於熱量的需求就會更大。

上表是體重60公斤的男性及體重50公斤的女性，使用100大卡熱量可以進行的平均運動時間。

重點知識

營養　碳水化合物的作用

★碳水化合物的種類

穀物・芋類中所含的澱粉、果實中所含的蔗糖（砂糖）、牛乳中的乳糖等都屬於碳水化合物。

★碳水化合物的消化吸收

自然界的碳水化合物，由於分子太大，無法被小腸吸收，所以要經過口・胃・腸消化，分解為分子較小的葡萄糖等才能被人體吸收。

★葡萄糖與肝臟的功能

吸收後的葡萄糖等，在肝臟變成糖原巨大分子，儲存在肝臟或全身的肌肉中。

而血液中的糖分（葡萄糖）的量減少時，糖原就會被分解為小分子，還原成葡萄糖，接著送到血液中。

★血液中葡萄糖的作用

運送到肌肉的葡萄糖與氧不斷反覆進行產生二氧化碳、水和熱量的變化（稱為TCA循環）。

其中，二氧化碳成為老舊廢物，被送到血管中。

1公克的碳水化合物會變成4.1大卡的熱量喔！

★攝取過多碳水化合物時…

碳水化合物會在肝臟變為脂肪，運送到全身的脂肪組織，最後就造成肥胖。

重點知識

營養

脂肪扮演何種角色？

★脂肪的種類

脂肪一般指油類的食品，分爲動物性與植物性。

★脂肪的消化吸收？

脂肪在小腸被分解爲甘油與脂肪酸，被吸收後送達肝臟。不過，大部分的脂肪仍維持原先的形態被吸收，經由淋巴管送入血管中，儲存在全身的脂肪組織之內。

攝取過多碳水化合物也會在肝臟變成脂肪，儲存在脂肪組織之內。

★脂肪的作用

血液中的葡萄糖或儲存的糖原減少時，肝臟就會動員全身的脂肪組織。

也就是說，脂肪會先聚集到肝臟，變成類脂，而後再依需要送出儲存。

這種類脂與氧產生化學變化，就會變成二氧化碳、水及熱量。

這時所產生的熱量爲碳水化合物的兩倍以上，所以脂肪爲有效率的營養。

1公克的脂肪能產生9.3大卡的熱量喔！

【參考】大豆或芝麻油等含有身體絕對必要的成分。

重點知識

營養

蛋白質扮演的角色

★蛋白質的作用與其必要性

人類構成身體細胞的成分全都是蛋白質，經常藉著新陳代謝而更新、生長。

人體的肌肉、骨骼、內臟、皮膚、毛髮、指甲，全都是由蛋白質構成的。

因此必須不斷補充蛋白質。而人體無法製造蛋白質，除了經由食物攝取外，別無他法。

★蛋白質的消化・吸收

蛋白質的分子非常大，沒有辦法直接由小腸吸收，所以必須在胃與腸中消化，變成氨基酸小分子才能被吸收，送達全身。

氨基酸會配合各種組織而組合成爲蛋白質。

★蛋白質的另一種作用

攝取大量蛋白質，或碳水化合物與脂肪不足時，就會分解爲氨基酸，成爲熱量源。

在肝臟也會變成脂肪。

1公克的蛋白質能產生4.1大卡的熱量喔！

【參考】身體絕對需要的氨基酸，稱爲必須氨基酸。

重點知識

營養

礦物質的角色

★何謂礦物質

燃燒食物，使其變為煙與灰，而灰中殘留的元素就稱為礦物質（無機物）。其中含有人類維持生命不可或缺的元素。

★不可或缺的礦物質

不可或缺的礦物質有十幾種，幾乎充分存在自然的食物中，所以不必太擔心。會缺乏的是以下兩種元素：

❶鈣 人體大部分的鈣為構成骨骼與牙齒的主要成分。

但是1％的鈣會溶解於血液中，運送到全身，進行肌肉收縮或神經傳達的工作，而其中的一部分經常會隨著尿液排出。

因此，鈣質缺乏時，骨骼與牙齒的鈣質會被動員到血液中，造成骨骼與牙齒的衰弱。

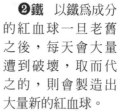

❷鐵 以鐵為成分的紅血球一旦老舊之後，每天會大量遭到破壞，取而代之的，則會製造出大量新的紅血球。

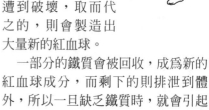

一部分的鐵質會被回收，成為新的紅血球成分，而剩下的則排泄到體外，所以一旦缺乏鐵質時，就會引起貧血。

重點知識

營養

維他命扮演的角色

★何謂維他命

維他命雖然不像碳水化合物、脂肪、蛋白質或礦物質一樣能夠提供熱量，構成身體組織的成分，但卻是維持生命絕對不可或缺的有機化合物。

★維他命的種類

不可或缺的維他命有十幾種，幾乎都充分存在於自然的食物中，所以不需要擔心。但容易缺乏的重要維他命有下列幾種：

❶維他命A 骨骼・牙齒的成長、維持健康的皮膚、正常的視力（辨色力）等，都需要維他命A。

❷維他命B1 碳水化合物的熱量變換，心臟及其他內臟的正常運作。

❸維他命B2 負責正常呼吸作用，組織細胞(蛋白質的新陳代謝或生長)

❹維他命C 血液的保全、維持副腎的機能，形成軟骨、肌腱等結締組織。

❺維他命D 骨的正常生長與鈣、磷的活用。

❻菸鹼酸 與將碳水化合物、脂肪、蛋白質變換為熱量的物質有關。

★攝取維他命的方法

維他命就好像家中使用的時鐘一樣，只要有它的存在，就能發揮重要作用。

大量攝取是毫無意義的，但如果缺乏又會造成困擾，因此適當攝取含有這些維他命的食品較好。

重點知識

營養

集合吸收營養的構造(1)

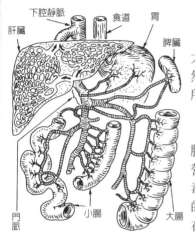

肝臟
下腔靜脈
食道 胃
脾臟
門脈
小腸
大腸

★門脈血管的構造

成人的門脈血管長約8cm，在胃、小腸、大腸中消化吸收的營養，全都運送到這裡，然後送達肝臟（小腸、大腸等的血管如下圖所示，會通過腸繫膜中與門脈相連）。

★吸收的營養送到肝臟的理由

胃（原則上會吸收部分的酒精等）、小腸、大腸吸收的營養和水中的有毒物質，或有害的微生物等混合在一起，如果運送到全身會造成

腸繫膜 腸繫膜靜脈

很大的問題，因此必須先通過肝臟進行解毒作用。

重點知識

營養

集合吸收營養的構造(2)

淋巴結
右靜脈角
淋巴管
左靜脈角
靜脈
心臟
小腸
大腸

這個淋巴結是重要關卡喔！

★脂肪吸收的構造

脂肪在小腸經消化分解後吸收並運送到肝臟，但這只是部分而已，大部分的脂肪未被分解，就被小腸的淋巴管再度吸收。

在頸部左下方的靜脈（稱為左靜脈角）中混合血液，通過心臟送達全身的脂肪組織，成為熱量源儲藏。

★淋巴結的防衛功能

在消化吸收的過程中，如果有害菌附著在脂肪中送到全身可就糟糕了。

不過，人體擁有非常精密的防衛構造。淋巴管中有如豆子一般的淋巴結，能發揮關卡般的作用，吞噬並殺死細菌。

④ 消化器官系統

重點知識

三大營養素的化學消化作用

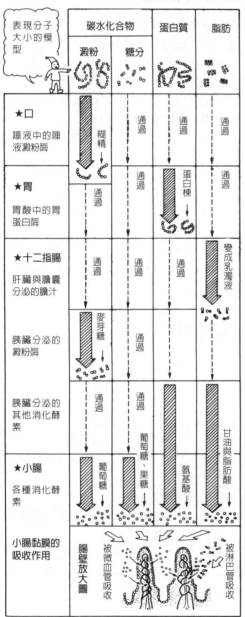

食物中所含的營養素由於分子太大，無法直接被小腸壁吸收。

因此，消化器官藉著消化酵素的化學力量，負責將這些營養物分解成小分子。

★碳水化合物的消化

碳水化合物藉著唾液中所含的唾液澱粉 消化酵素分解爲原先一半的大小。

這個消化移動到胃之後，在胃液尚未充分分泌之前，還會繼續進行30分鐘。

然後，由胰臟及小腸消化酵素將其分解爲小分子葡萄糖，被小腸壁吸收。

★蛋白質的消化

先藉著胃液將其分解爲只有一半大小的蛋白棟。

然後藉著胰臟與小腸的消化酵素分解爲更小的分子氨基酸，被小腸壁吸收。

★脂肪的消化

在十二指腸混合膽汁、乳化，做好容易消化的準備。

一部分的脂肪分解爲小分子的甘油和脂肪酸，被小腸壁吸收。

★小腸壁的吸收作用

分解的成分被小腸壁絨毛的微血管吸收，送達肝臟。而大部分的脂肪則維持乳化的狀態，被淋巴管吸收，經由靜脈送達全身的脂肪組織。

總和知識

牙齒

乳齒・恆齒・智齒的概要

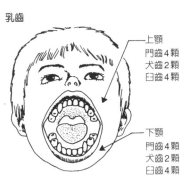

乳齒

上顎
門齒4顆
犬齒2顆
臼齒4顆

下顎
門齒4顆
犬齒2顆
臼齒4顆

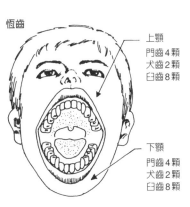

恆齒

上顎
門齒4顆
犬齒2顆
臼齒8顆

下顎
門齒4顆
犬齒2顆
臼齒8顆

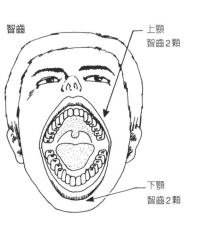

智齒

上顎
智齒2顆

下顎
智齒2顆

★何謂乳齒

嬰兒出生六個月時開始長牙，大約在兩歲半前，上下顎會各長出10顆牙（總計20顆）。

這些牙齒是在吃奶時期開始長的，因此稱爲乳齒。

上下顎各有4顆門齒、2顆犬齒、4顆臼齒。

★何謂恆齒

5歲開始，上下顎最深處開始長第3顆新臼齒。

從7歲起，乳齒開始脫落，陸續長出新牙。

新長出來的這些牙齒不可能再換，必須使用一輩子，是非常重要的牙齒，因此稱爲恆齒（總計28顆）。

恆齒上下顎各有4顆門齒、2顆犬齒、8顆臼齒。

★何謂智齒（恆齒）

18歲起到40歲前，上下顎最深處，左右各會長出恆齒（總計4顆）。

因爲是在智慧發揮作用的年紀所長出來的牙齒，所以也稱爲智齒。

以前由於人類的壽命較短，因此長出智齒時，很可能正逢與親人死別的時刻。

智齒原本具有磨碎食物的作用，但人類烹煮食物，等食物變軟後再食用，所以就不需要智齒了。

最近，也有很多人不會長智齒了。

牙 齒

牙齒的構造

★牙齒表面的構造

從外側看到的部位稱爲齒冠，上有琺瑯質覆蓋著。

琺瑯質比寶石更堅硬，因此能磨碎任何堅硬的食物。

但這麼硬的琺瑯質也容易被腐蝕，因此形成蛀牙時，細菌的毒素會溶解掉琺瑯質。

牙齒被牙齦蓋住的部位稱爲齒根，比琺瑯質柔軟，是由牙骨質組織所覆蓋。

★牙齒內部的構造

琺瑯質、牙骨質的內側稱爲象牙質，雖然堅硬，一旦蛀牙侵襲時，就會變成脆弱的組織，中心部爲細長空洞。

空洞部有將營養送達牙齒的血管和神經通過，這些組織即稱爲齒髓。

琺瑯質
象牙質
齒髓 血管 神經
齒肉
牙骨質
牙齦
顎骨

齒冠
齒根

牙 齒

牙齒的作用

★門齒的作用

門齒，醫學用語稱爲切齒，具有咬斷食物的作用。

★犬齒作用

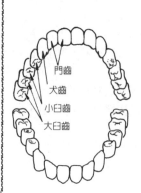

門齒
犬齒
小臼齒
大臼齒

門齒兩側，前端尖銳的齒稱爲犬齒，與門齒同樣具有咬斷食物的作用。

以前的人常用犬齒咬斷絲線。

★臼齒的作用

前端平坦的臼齒像臼一樣，能將食物磨碎。

★牙齒的整體作用

❶幫助唾液進行消化，咬斷食物、磨碎食物，並幫助唾液進行消化作用。

❷不使食物溢出。一旦牙齒掉落，食物就會從口中溢出。

❸幫助正確發音。牙齒掉了之後，空氣會從口中漏出，因此無法進行正確的發音。

重點知識

牙 齒

蛀牙的原因

喂！大家集合起來，美味的食物夾在這裡喔！

★蛀牙的原因

口中積存一些惡性的細菌，食物的殘渣如果積存在齒縫中，細菌就會在其周圍繁殖，排泄出強酸。

一旦遇到強酸，表面堅硬的琺瑯質也會被溶解，牙齒形成凹洞，就變成蛀牙。

★蛀牙的進行方式

如果放任蛀牙不管，琺瑯質內側的象牙質及髓質都會受到侵蝕。

齒髓有神經通過，因此受到侵蝕時，吃太燙或冰冷的食物時，都會感覺疼痛。

而當蛀牙嚴重時，由外面就可看到齒冠的部分，甚至連齒根前端都會被侵蝕掉。

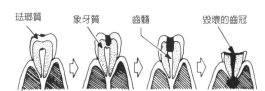

琺瑯質　　象牙質　　齒髓　　毀壞的齒冠

重點知識

牙 齒

正確刷牙法

齒垢（食物殘渣的沈澱物）若放任不管，細菌會繁殖，容易蛀牙（詳情參照次頁上段）。

★正確的刷牙方式

如果要去除齒垢，應該如下圖所示的方法，正確的刷牙才行。

如果只是反覆用最簡單的橫刷法用力刷，會使牙齒表面磨損。

★為什麼連牙齦也要刷呢？

牙齦上有如網眼般的毛細血管分布，而血管的血液循環不良時，容易得牙周病，這是一種牙齦的疾病。

為了防止這種疾病的發生，平常就要給予牙齦刺激，促進血液循環，保持健康狀態。

兼具牙齦的按摩喔！

▲滾動

▲旋轉

▲縱刷

▲橫刷

▲挖出

重點知識

牙　齒

齒垢與牙結石的真相

★齒垢與牙結石的關係

牙齒周圍一旦殘留食物殘渣時，棲息在口中的細菌會在此繁殖，釋放出排泄物。

而這些物質成為略帶黃色的齒垢，主要附著在牙齒的根部附近。

如果齒垢遇到唾液中鈣質沈著於此，會從內側開始變硬，最後會變成粗糙，像石頭般的牙結石。這時用牙刷是很難去除的。

★齒垢或牙結石的積存

放任齒垢或牙結石不管，棲息在裡面的細菌發揮作用，會使周圍的齒肉發炎、腫脹。

腫脹的牙齦和牙齒之間，會形成齒周袋的縫隙，牙結石到這個地步時，就會成為嚴重的齒肉疾病。

食物殘渣　　細菌　　附著的齒垢　　　唾液中的鈣質　　牙結石　　出現發炎症　　　齒周袋
　　　　　　　　　　　　　　　　　　　　　　　　　　　　　狀的齒肉

重點知識

牙　齒

牙周病

★牙周病

牙齒縫隙間積存的食物殘渣放任不管，細菌活躍變為牙結石，在與齒肉間的縫隙（稱為齒周袋）成長。

細菌的功能旺盛時，牙齒與顎骨相連的組織或顎骨組織等都會受到侵蝕，這就是所謂的牙周病。50歲的人

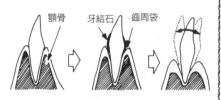

顎骨　　牙結石　　齒周袋

大都會罹患這種疾病。

雖然牙齒不痛，但支撐牙齒的齒肉化膿，齒周袋會滲血或流膿。

這時，齒肉前端好像融化似的後退，連隱藏的牙骨質都會出現，這部分於是開始受到細菌侵蝕。

疾病繼續進行時，所有的牙齒就會鬆動無法使用，假如不趕緊治療可就糟糕了。

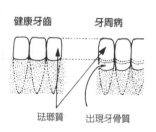

健康牙齒　　　牙周病

琺瑯質　　出現牙骨質

總和知識

呼吸器官

呼吸器官的構成

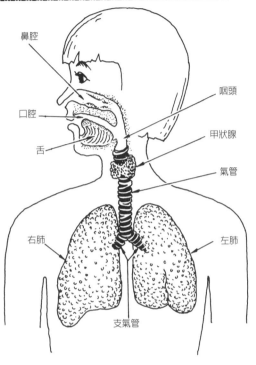

鼻腔
咽頭
口腔
甲狀腺
舌
氣管
右肺
左肺
支氣管

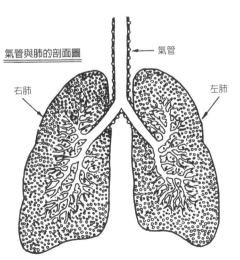

氣管與肺的剖面圖
氣管
右肺
左肺

★呼吸時空氣的流向

人由**鼻子**吸氣。

鼻孔中的硬毛,能去除空氣中的灰塵,具有濾網的作用。

通過鼻孔的空氣會進入深處,**鼻腔**廣大的房間裡。

在鼻腔有很多凹凸的溝,就好像汽車的散熱器一樣,具有使進入空氣溫暖的作用。

此外,鼻腔有許多**黏液腺**分泌黏液,吸附混合在空氣中的空氣或細菌,成為鼻屎排出體外。

而有無數的**黏膜**不斷分泌鼻水,使進入的空氣變得潮濕。

一些灰塵或細菌被去除掉,帶有濕氣的空氣經由喉頭進入氣管。

★何謂呼吸器官

一般而言,從喉頭往前方的氣管及分枝的支氣管,及前端左右的肺,總稱為呼吸器官。

★呼吸器官的功能

通過氣管或支氣管的空氣進入肺,在此進行氧與二氧化碳的交換。

含有二氧化碳的空氣,通過原先的道路,送出鼻外。

關於這些功能,稍後會詳細的為各位敘述。

呼吸器官

呼吸器官與心臟的關係

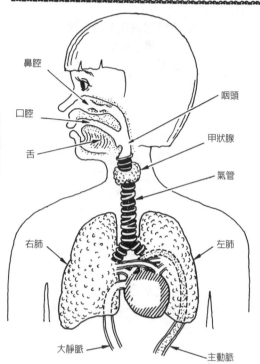

鼻腔
咽頭
口腔
甲狀腺
舌
氣管
右肺
左肺
大靜脈
主動脈

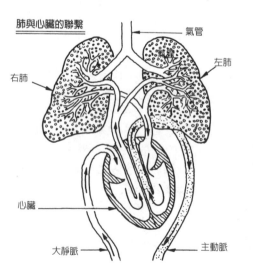

肺與心臟的聯繫

氣管
氧氣
右肺
左肺
心臟
大靜脈
主動脈

★血液的流向

體內組織不斷進行新陳代謝，從血液中吸收氧及營養，同時將二氧化碳與老舊廢物釋放到血液中。

接受二氧化碳等老舊廢物的血液聚集在大靜脈，回到心臟。

（老舊廢物在中途的腎臟進行淨化過濾，詳細的作用請參照泌尿器官篇）

★心臟的作用

心臟的作用有如幫浦一樣。

聚集在大靜脈的血液被吸入心臟的右側的房間，再用強大的力量擠入肺中。

在肺進行二氧化碳與氧的交換作用後被吸入心臟左側的房間，藉著強大的力量擠到主動脈，然後送到身體各處的組織。

（關於心臟的構造，請參照血液心臟篇）

★肺的作用

心臟將含有二氧化碳的血液（暗紅色）送達肺，在此釋放到空氣中，並吸收空氣中的氧，成為鮮紅色回到心臟。

肺與心臟密切的互助合作，不眠不休進行氣體交換的工作。

重點知識

呼吸器官

肺的構造

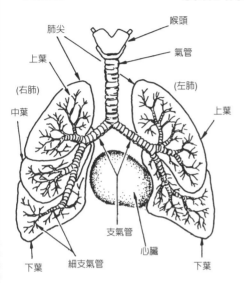

肺尖
喉頭
上葉
氣管
(右肺)
(左肺)
中葉
上葉
支氣管
心臟
下葉 細支氣管 下葉

★氣管的構造

從鼻吸入的空氣通過喉頭、氣管，然後鑽進左右的支氣管，進入肺中。

支氣管在肺中繼續分枝，稱爲細支氣管。

★肺的構造

右側的肺分爲上葉、中葉、下葉三個袋子，而左側的肺則只分爲上葉、下葉兩個袋子。

因爲心臟是在距離中心較偏左的位置，因此袋子數目較少的左肺比右肺爲小。

重點知識

呼吸器官

肺活量

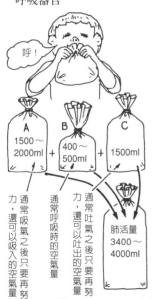

呼！

A
1500～
2000ml

B
400～
500ml

C
1500ml

肺活量
3400～
4000ml

力，通常吸氣之後只要再努力，還可以吸入的空氣量

通常呼吸時的空氣量

力，通常吐氣之後只要再努力，還可以吐出的空氣量

★何謂肺活量？ 健康成人一次呼吸400～500ml的空氣（左圖的B袋）。

但通常吸氣之後，還可以再吸1500～2000ml的氣體（A袋）。

通常吐氣後，只要再用力，還可以再吐出1500ml的氣體（C袋）。

……也就是說，如果完全吸滿空氣再完全吐氣，就可以將三袋（A+B+C）的空氣量完全吐出。

此空氣量稱爲肺活量，是以肺活量計來計算。

★肺病患者的肺活量 仔細檢查肺活量就可以發現肺或心臟的疾病。

例如，如上圖所示，肺部積存水或空氣時，肺活量就會減少。

重點知識

呼吸器官

顯微鏡下的肺臟

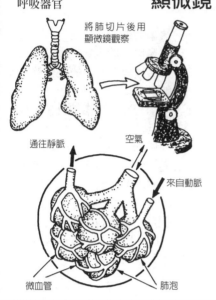

將肺切片後用顯微鏡觀察

通往靜脈　空氣

來自動脈

微血管　　　　肺泡

★支氣管的末端

在支氣管的前端,肺部會形成逐漸分枝的細支氣管,而末端則形成只有顯微鏡才觀察得到的細管。

前端有如葡萄狀般一顆顆的物質稱為肺泡。

★肺泡的構造

肺泡用肉眼是看不到的,體積非常小。中間空心,就好像橡皮球一樣,會收縮膨脹,進出空氣。

肺泡壁遍佈微血管,而在血管中流入從心臟送來的血液,然後血液再次回到心臟。

重點知識

呼吸器官

肺泡的作用

★血液中紅血球的作用

血液中紅血球呈現紅色,是因為含有鐵的血紅蛋白物質。

血紅蛋白在肺中氧濃度較多的場所,會與氧結合;而在身體末端組織等氧濃度較低之處,則有釋放出氧的性質。

相反的,在二氧化碳較濃的末端組織,會與二氧化碳結合;而在二氧化碳較稀薄的肺部,則具有釋放二氧化碳的性質。

★肺泡的作用

如袋子般的肺泡壁非常薄,因此能使氧或二氧化碳等氣體分子自由通過。

含有二氧化碳的血液,在肺泡中釋放二氧化碳,吸收肺泡中的氧,與其結合,經由心臟輸送到全身。

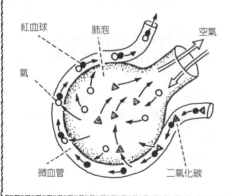

紅血球　　肺泡　　　　　　空氣

氧

微血管　　　　二氧化碳

呼吸器官

呼吸的產生

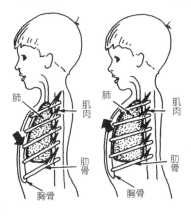

★**肋骨具有如同幫浦的作用（胸式呼吸）**（左圖）

肋骨的前胸骨側朝向斜下方，事實上此處具有非常精巧的構造。

❶吸氣時，附著於肋骨的肌肉會緊張收縮，並將前胸骨側往上拉。

❷這時，肋骨形成與背骨接近直角的角度，增加胸的厚度，加大肋骨內的空間。

❸同時，變成像氣球般的肺會膨脹、吸入空氣。

❹相反的，當肌肉緊張放鬆時，肌肉拉長，胸骨側下降，肋骨內的空間則縮小到原先的大小，由肺擠出空氣。

★**橫膈膜的幫浦作用（腹式呼吸）（右圖）**

橫膈膜的形狀有如倒扣盤子般，上有肺，也具有幫浦的作用。

❶吸氣時，橫膈膜的肌肉緊張收縮，接近平坦的形狀，使肋骨內的空間膨脹。這時氣球一般的肺，就會自然吸入空氣，

❷相反的，當肌肉緊張放鬆時，橫膈膜又會恢復原先的形狀，使肋骨內的空間縮小，擠出肺中的空氣。

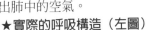
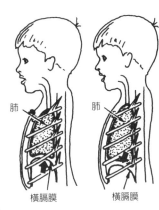

★**實際的呼吸構造（左圖）**

如以上所述，呼吸是藉著肋骨及橫膈膜的移動，有時只靠單側就可進行。

事實上，在安靜呼吸時，是藉著橫膈膜的移動來呼吸。

但在進行劇烈運動時，體內組織需要大量的氧，所以藉著肋骨移動而進行的呼吸會逐漸增多。

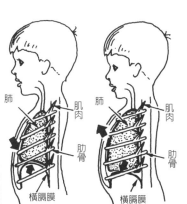

重點知識

呼吸器官

吸氣與吐氣的不同

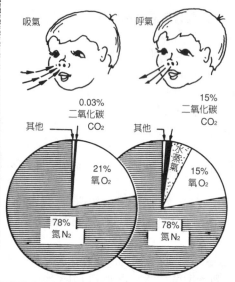

吸氣

呼氣

0.03%
二氧化碳
CO_2

15%
二氧化碳
CO_2

其他

21%
氧O_2

78%
氮N_2

其他

水蒸氣

15%
氧O_2

78%
氮N_2

★空氣的組成

自然界的空氣含有氮、氧、少許二氧化碳及其他微量氣體。（左圖）

呼吸空氣時，在肺中吸收一部分的氧，釋放出體內不需要的二氧化碳，變成吐氣的方式吐出（右圖）。

★吐氣的特徵

❶鼻腔、喉嚨、氣管、肺中的水分會蒸發，濕度達到100％時，經由鼻或口釋出。

❷灰塵、細菌則會被鼻腔、喉嚨、氣管、肺內支氣管的黏液吸附，在無菌狀態下釋出（健康人的情況）。

重點知識

呼吸器官

打噴嚏與咳嗽

★打噴嚏的原因

感冒病毒或灰塵、化學物質等混合在吸入的氣體中，到達鼻腔壁的黏膜時，會刺激此處的神經，因而會藉著強風的方式將其趕出鼻外，就形成打噴嚏的現象。

花粉等過敏性物質也會使人打噴嚏。

也就是說，打噴嚏是人體為了將有害物從鼻中趕走的自衛本能。

★咳嗽的原因

感冒病毒或灰塵、化學物質等通過鼻腔時，附著在喉頭或氣管，這裡的黏膜受到刺激，想要藉著強風將其從口中趕出時就形成咳嗽的現象。

由支氣管推向喉頭的痰，也會本能的形成咳嗽的現象，以吐出口外。

咳嗽是指為保持氣管、支氣管或肺中的乾淨，而將異物從口排出體外的自衛本能。

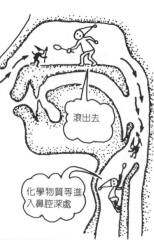

滾出去

化學物質等進入鼻腔深處

總和知識

心　臟

心臟功能的概要(1)

★心臟從事的唯一工作

也許有很多人認爲心臟的工作就是吸入全身的血液，將血液送出…。但事實上，心臟卻是專門送出血液的器官。心臟的跳動稱爲心跳，一次的心跳也就是一次的收縮，會同時進行如下圖所示的三種工作，1分鐘擠出約5公升的血液（血液的功能請參照血液篇）。

▶心臟一次收縮同時進行的工作

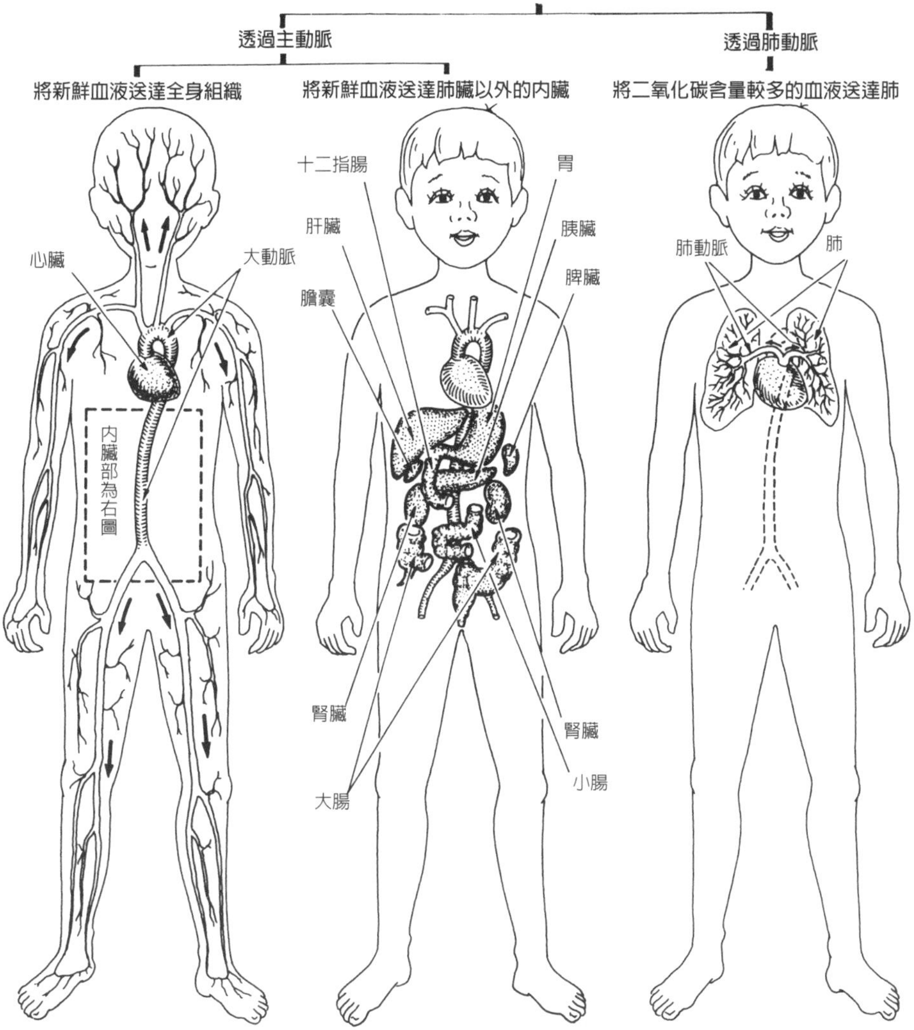

透過主動脈　　　　　　　　　　　　　　　　　　透過肺動脈

將新鮮血液送達全身組織　　將新鮮血液送達肺臟以外的內臟　　將二氧化碳含量較多的血液送達肺

心臟　　　　　大動脈

內臟部為右圖

十二指腸　　　　　　胃

肝臟　　　　　　　　胰臟

膽囊　　　　　　　　脾臟

腎臟　　　　　腎臟

大腸　　　　小腸

肺動脈　　　肺

總和知識

心臟　　　心臟功能概要(2)

★**休息時，心臟進行的工作**　　心臟的收縮力非常強，但沒有擴張力。因此心臟稍微放鬆的期間（這段期間心臟肌肉休息），則藉著由下圖所示的外部力量發揮作用，將全身的老舊血液送回心臟。

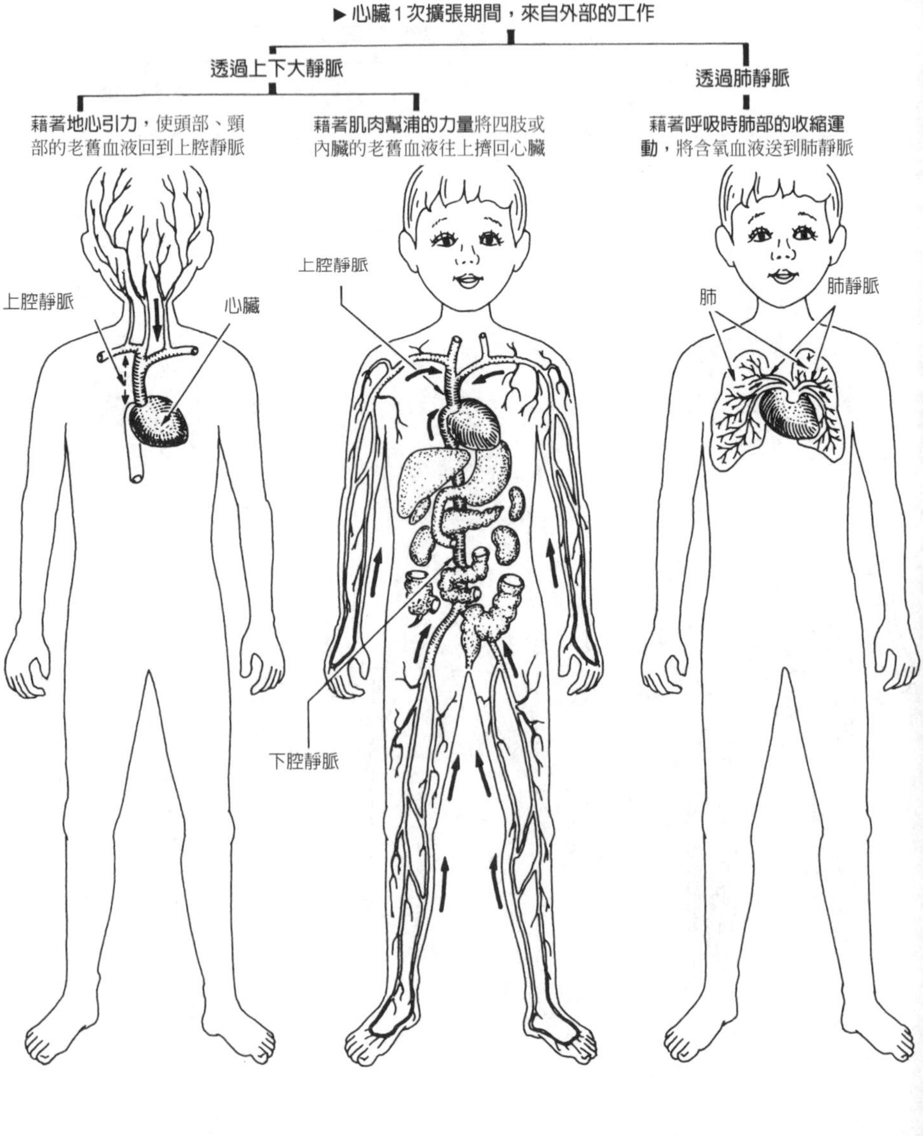

▶ 心臟1次擴張期間，來自外部的工作

透過上下大靜脈　　　　　　　　　　　　　　透過肺靜脈

藉著地心引力，使頭部、頸部的老舊血液回到上腔靜脈

藉著肌肉幫浦的力量將四肢或內臟的老舊血液往上擠回心臟

藉著呼吸時肺部的收縮運動，將含氧血液送到肺靜脈

上腔靜脈　　　心臟

上腔靜脈

肺　　　肺靜脈

下腔靜脈

重點知識

心　臟

心臟的構造

★心臟的四個房間

人的心臟有四個房間，在身體右側有右心房及右心室，左側有左心房及左心室。如下圖所示，如果想更清楚了解，可以參照右圖的模型。右側房間與左側房間的交界處稱爲「中膈」。

★心臟中血液的流向

來自全身，經由大靜脈聚集的血液，按照以下的順序通過心臟。

大靜脈→**右心房**→瓣→**右心室**→瓣→肺→**左心房**→瓣→**左心室**→瓣→主動脈

★心臟構造的異常

血液的流動藉著心臟肌肉收縮產生的幫浦作用來進行，但若瓣膜故障，或中膈開孔時，就無法發揮正常作用。

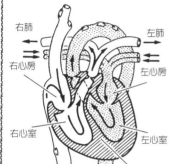

重點知識

心　臟

出入心臟的血管

■讓血液流入心臟的血管

★**大靜脈**　收集身體上半身血液的上腔靜脈與收集下半身及內臟血液的下腔靜脈，進入下圖記號1的右心室。

★**肺靜脈**　由肺的角度來看，下圖記號2的左心室左右各有2條，共計4條的血管進入。

■由心臟流出血液的血管

★**肺動脈**　由下圖記號3的右心室流出

★**主動脈**　由下圖記號4的左心室流出

主動脈的特徵是在上方，肺動脈與肺靜脈形成弓型橫跨，朝向下方延伸。

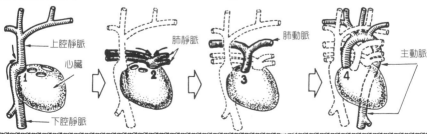

重點知識

心臟跳動的力量

心 臟

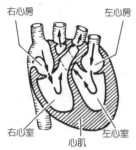

右心房 左心房

右心室 左心室
心肌

右冠動脈 左冠動脈

★心肌收縮的構造

心臟周圍有厚厚的肌肉，稱爲心肌。心肌收縮或擴張時，具有幫浦的作用，可擠出或吸入血液。

將血液送到全身的左心室，需要特別大的力量，因此其肌肉厚度爲右心室的三倍。

★冠狀動脈的作用

汽油是汽車的能源，而心臟幫浦運動的能量則來自分布在表面血管中的血液所補給。

此血管稱爲冠狀動脈、冠狀靜脈，是人體非常重要的血管。

如果此血管阻塞，無法補給營養導致心肌壞死，就會造成嚴重的影響。

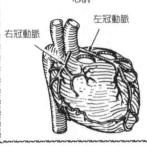

重點知識

心臟瓣的構造

心 臟

心臟具有如幫浦般的機能，能吸取或擠出血液。

爲了防止血液逆流回心臟，因此心臟有下列四個瓣，各自如下：

❶**右房室瓣** 經由大靜脈右心房流入的血液，進入右心室時通過的瓣。

其形狀有如三個尖形的瓣，因此又稱爲「三尖瓣」。

❷**肺動脈瓣** 血液由右心室送達肺中，成爲出口的瓣。

❸**左房室瓣** 由肺回來的血液，經由左心房通過此瓣，進入左心室。

由於狀似兩個尖形的瓣，因此也稱爲「二尖瓣」

❹**主動脈瓣** 在左心室出口，血液經由此瓣，被送達主動脈。

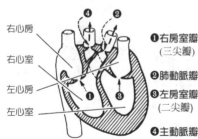

右心房

右心室

左心房

左心室

❶右房室瓣
(三尖瓣)

❷肺動脈瓣

❸左房室瓣
(二尖瓣)

❹主動脈瓣

重點知識

心臟

心臟幫浦的作用

心臟由稱為心肌的外側厚的肌肉反覆收縮與擴張，進行如幫浦的作用。

❶收縮 心肌強力收縮時，左右房室瓣關閉，主動脈瓣與肺動脈瓣打開，右心室的血液送達左右的肺，而左心室的血液則送到主動脈，然後再送達全身。

❷擴張 接下來的一瞬間，心肌放鬆，相反的是右房室瓣與左房室瓣打開，主動脈瓣與肺動脈瓣關閉，大靜脈的血液通過右心房，到達擴張的右心室，而肺的血液則通過肺靜脈、左心房，流入擴張的左心室。

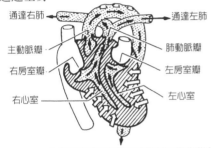

通達右肺　　　　　　　　通達左肺
主動脈瓣　　　　　　　　肺動脈瓣
右房室瓣　　　　　　　　左房室瓣
右心室　　　　　　　　　左心室

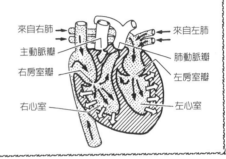

來自右肺　　　　　　　　來自左肺
主動脈瓣　　　　　　　　肺動脈瓣
右房室瓣　　　　　　　　左房室瓣
右心室　　　　　　　　　左心室

重點知識

心臟

心臟以何種信號持續跳動

竇房結節　　　房室結節
　　　　傳達電氣的線路
大靜脈

右心房
右房室瓣

右心室　腱索　乳頭肌　心肌

經由電氣信號而收縮的肌肉

★使心臟跳動的電氣信號

心臟受到來自頸部的自律神經（交感神經與迷走神經）的支配，能使心跳加快或減慢。

但心臟本身也具有規律跳動的能力，而這個規律是在竇房結節處產生，也就是說，此處會產生某種電氣信號。

此電氣信號經由房室結節分枝後傳達到左右心肌或乳頭肌。

結果，肌肉受到電流刺激而收縮使得心臟跳動。

★1分鐘的心跳數（電氣信號的次數）

通常1分鐘會發出60次的電氣信號，所以心臟也因為此一電流而進行60次的跳動。

～～ 重點知識 ～～

心　臟

經由心電圖可以了解的現象

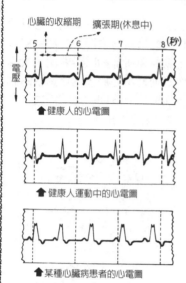

↑健康人的心電圖

↑健康人運動中的心電圖

↑某種心臟病患者的心電圖

★何謂心電圖

心臟的肌肉（心肌的乳頭肌）接受來自竇房結節的電氣信號，進行週期性的收縮或擴張。（參照前頁下段）

但此電氣信號非常微弱，因此必須利用心電計裝置增幅，連續加以記錄，此種紀錄就稱為心電圖。

★心電圖的看法

健康人的心臟收縮或擴張的圖形1分鐘為60次，即使運動或緊張，這個週期也只會加快而已。

但心臟病患者傳達到左右心室的電氣信號有所差距，所以收縮狀況也會產生變化，而形成如圖表所示的形狀。

～～ 重點知識 ～～

心　臟

收縮壓與舒張壓

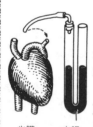

心臟　　水銀

★架空的實驗裝置

實際上辦不到，但是可以參考如左圖所示的實驗裝置。

在U形的玻璃管中放入水銀，而一邊的口用塞子塞住，細小的橡皮管則與主動脈相連。

★收縮壓與舒張壓的意義

心臟收縮，以強大的力量將血液擠到動脈時，水銀柱也會被推擠上來，年輕人瞬間的水銀柱高度差為120mm左右。

藉著心臟擴張，暫時不輸送血液時，水銀柱的高度差距會縮短，變成80mm左右。

這時，我們就稱此人的收縮壓為120，舒張壓為80。

血壓的數值就是動脈內的壓力推擠水銀柱高度的數值。

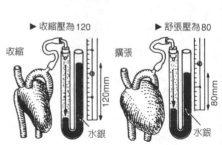

▶收縮壓為120　　　▶舒張壓為80

收縮　　　　　　　擴張

120mm　　　　　　　80mm

水銀　　　　　　　水銀

重點知識

血壓的標準

心　臟

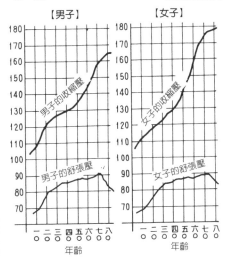

【男子】　　　【女子】

年齡

【註】數字單位為水銀柱的高度（毫米）

★血壓與年齡的關係

血壓與年齡間具有密切的關係。幼年時較低，但青春期會突然增高，老年期又會突然增高。

★血壓的標準

健康成人（20歲）的血壓標準：

男子……高120±10，低75左右

女子……高114±10，低71左右

為平均的血壓。

一般而言，根據WHO（世界衛生組織）的血壓標準，60歲以下，收縮壓在160以上，舒張壓在95以上，就稱為高血壓症。

重點知識

一天當中血壓的變動

心　臟

一般男子的正常血壓高120，低75的說法並不是非常完美的說法……為什麼呢？因為血壓會因人的活動和精神狀態受到極大的變化，或因測定體位與左右手臂等也會造成差距。

★下圖的說明：

此圖表示已婚的上班族男子一日血壓的紀錄。

上午6時20分起床，9時到達公司，稍微休息一下。上午進行勞力的工作，午餐後打乒乓球，下午坐

辦公桌前進行輕微勞動，6時回家，放鬆心情休息一下，就寢前從事劇烈運動，11時上床睡覺。

即使健康人血壓也因活動的條件不同，而會出現如圖表中大幅度的變動，大家一定要了解這一點。

★測量血壓時的注意事項

❶要稍微先休息，❷要在精神穩定的狀態下測量，以上兩點非常重要（稍後會說明精神緊張也會有使血壓上升的作用）。

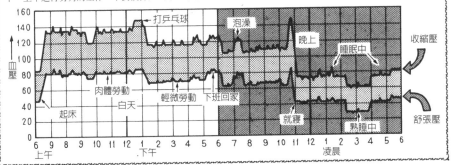

重點知識

心 臟

精神緊張

驚嚇　焦躁

動脈硬化

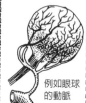

例如眼球
的動脈

內臟的異狀

副腎

腎臟

卵巢

子宮

激烈運動

血壓上升時

★**精神緊張**　嚇了一跳、焦躁時，由於自律神經的作用，副腎會分泌降腎上腺素。一旦流入動脈中，動脈會收縮使血壓上升。

★**內臟的異常**　罹患腎臟或副腎的疾病、懷孕等都會使血壓上升。有些人服用避孕藥血壓也會上升。

★**動脈硬化**　隨年齡增長，動脈會逐漸硬化，而這時血壓就會上升，尤其舒張壓會隨年齡而升高時，就一定要接受治療了。

★**激烈運動**　需要大量氧和營養，因此心跳次數會增加、血壓也會上升。

【參考】其他原因　原因不明，可能因遺傳或環境而罹患高血壓，肥胖者或攝取過多鹽分的人，也會造成高血壓。

重點知識

心 臟

何謂血壓不正常？

★**高血壓的症狀**
沒有什麼特別症狀，但可能因以下原因而引起。

❶**腦動脈的血液循環障礙**
最初出現頭痛和頭暈的現象。
當進行到某種程度時，腦的細小動脈無法承受高血壓而破裂，造成腦溢血，形成非常危險的狀態。

腦

心臟

❷**心臟負擔增大**
最初出現心悸或呼吸困難的現象。
繼續進行到某種程度時，由心臟送出血液的力量無法抵擋高血壓，因此造成肺部瘀血。
這時，負責進行呼吸機能的部分會縮小，引起呼吸困難，可能引起心臟性氣喘的危險症狀。

腎臟

❸**腎臟機能障礙**

最初尿液中會出現尿蛋白或紅血球，但可能會忽略掉這些問題。
當繼續進行到某種程度時，腎臟萎縮，而血液中老舊廢物無法排泄掉。
這時，有毒的老廢物積存在血液中就會形成尿毒症。

★**低血壓症的症狀**
不是導致疾病的嚴重症狀，甚至可以長生，不過具有以下的特徵。
❶**症狀**　起立時會暈眩、手腳冰冷、發冷、發汗、頭痛、疲勞等。
❷**原因**　首先為出血、休克、貧血、營養障礙等原因。
另外一點為體質的因素，這時最好藉著增強體力來加以治療。

起立性暈眩

頭痛

發冷、發汗

手腳冰冷

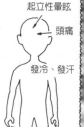

總和知識

血管

血管概要(1)

【1】主動脈與大靜脈

【2】頭部與四肢的動脈（左半身）與靜脈（右半身）

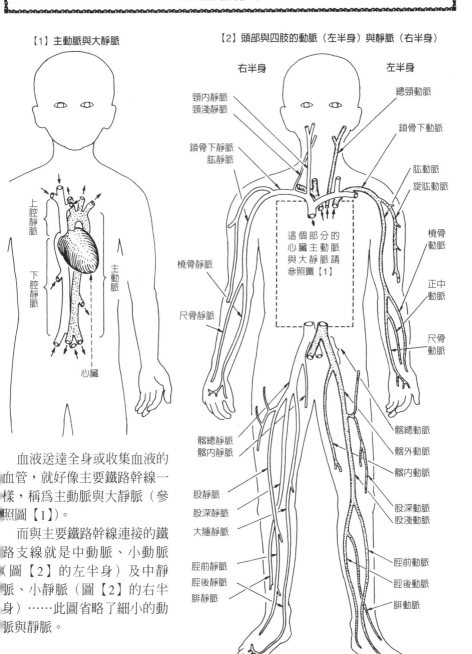

右半身　　　　　　左半身

頸內靜脈
頸淺靜脈

鎖骨下靜脈
肱靜脈

總頸動脈

鎖骨下動脈

肱動脈

旋肱動脈

橈骨靜脈

橈骨
動脈

上腔靜脈

下腔靜脈

主動脈

心臟

這個部分的
心臟主動脈
與大靜脈請
參照圖【1】

正中
動脈

尺骨靜脈

尺骨
動脈

髂總靜脈
髂內靜脈

股靜脈
股深靜脈
大隱靜脈

髂總動脈

髂外動脈

髂內動脈

股深動脈
股淺動脈

脛前靜脈
脛後靜脈
腓靜脈

脛前動脈

脛後動脈

腓動脈

血液送達全身或收集血液的血管，就好像主要鐵路幹線一樣，稱為主動脈與大靜脈（參照圖【1】）。

而與主要鐵路幹線連接的鐵路支線就是中動脈、小動脈（圖【2】的左半身）及中靜脈、小靜脈（圖【2】的右半身）……此圖省略了細小的動脈與靜脈。

血　管

血管概要(2)

【3】肺的動脈與靜脈

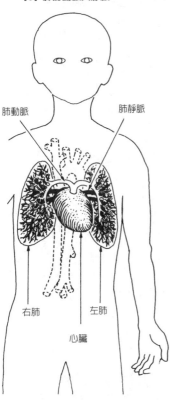

肺動脈　　　肺靜脈

右肺　　左肺

心臟

【參考】頭部與內臟的動脈與靜脈

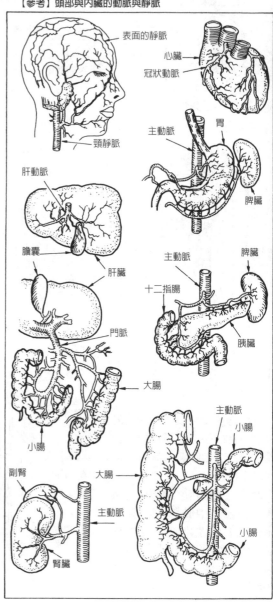

表面的靜脈

心臟

冠狀動脈

頸靜脈

肝動脈

主動脈

胃

脾臟

膽囊

肝臟

主動脈

脾臟

十二指腸

門脈

胰臟

大腸

小腸

副腎

大腸

主動脈

小腸

主動脈

腎臟

　　心臟與肺之間的血液管道，主動脈、大靜脈完全不同，直接與肺和心臟相連（參照圖示）。

　　血液經由其他內臟和頭部也有的主動脈分枝出來的中動脈運送，經過中靜脈、大靜脈，再回到心臟（參考圖示）。

　　為避免繁雜因此省略單側的靜脈與動脈。

重點知識

血 管

主動脈的構成

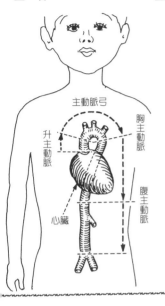

主動脈弓

升主動脈

胸主動脈

腹主動脈

心臟

★何謂主動脈

主動脈是由心臟往上,彎曲成弓型,延伸到腹部最粗大的一條血管。

很多人相信它還延伸到頭或手腳,但事實上僅止於此而已。

★主動脈的分類

往上延伸的部位稱爲「升主動脈」,彎曲成弓型的部分稱爲「主動脈弓」,而胸部和腹部的部分各自稱爲「胸主動脈」與「腹主動脈」。

★與主動脈相連的血管

主動脈與將血液送達頭部、四肢部的中動脈相連。

此外,也和將血液送達各處內臟的許多中動脈、小動脈相連(左圖爲了省略起見,只畫出一條)。

重點知識

血 管

中小動脈的構成

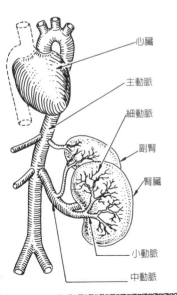

心臟

主動脈

細動脈

副腎

腎臟

小動脈

中動脈

★動脈分枝的方式

主動脈的分枝有如樹幹一樣,陸續由中動脈→小動脈→細動脈,分枝越來越細,最後與微血管相連,將血液送達全身。

其中一個例子就是左圖,以腎臟爲例子來說明。

★動脈大小與血壓的關係

接近心臟,粗大的主動脈血壓最高,然而卻無法輕易測量。

其次則爲中動脈,因此由其中狀態最佳的肱動脈的血壓來進行測量。

中動脈再往前行,血管逐漸縮小,血壓下降到連心臟的幫浦力量也無法到達的微血管,這時的血壓已經下降到1/100以下。

血 管

動脈的剖面

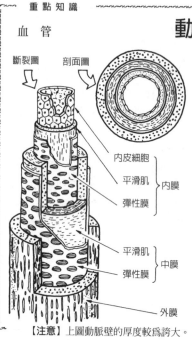

斷裂圖　剖面圖

內皮細胞
平滑肌 } 內膜
彈性膜

平滑肌 } 中膜
彈性膜

外膜

【注意】上圖動脈壁的厚度較爲誇大。

★動脈形成的特徵

動脈具有以下三種特徵：

❶形狀　靜脈的剖面形狀是扁平的，而動脈則是圓形的。

❷厚度　靜脈的血管壁較薄，而動脈較厚。

❸剖面　外膜、中膜、內膜等三層清楚區分，中膜與內膜具有彈性爲其特徵。

★普通動脈與主動脈的不同

左圖爲普通動脈。

與此相比，主動脈有發達的中膜彈性，整體而言，血管壁較薄，容易膨脹或收縮。

血 管

動脈如何輸送血液

【心臟的跳動】

收縮　　擴張　　收縮　　擴張

心臟

主動脈

此圖是表示動脈內血液輸送方式的模型圖，實際上，血液流得更快！

★動脈中血液的流向

心臟就好像活塞似的幫浦，反覆收縮與擴張，將血液擠入主動脈。

主動脈藉著彈性膨脹，接受血液，接下來一瞬間收縮，將血液往前送。反覆同樣的動作，將血液往前送出。

中動脈再往前，雖然不像主動脈那般膨脹，但卻以同樣的構造，將血液往前送出。

★動脈的彈性與血壓的關係

動脈的彈性能將血壓調節到最適當的程度，使血液循環順暢。

重點知識

血 管

大靜脈的構造

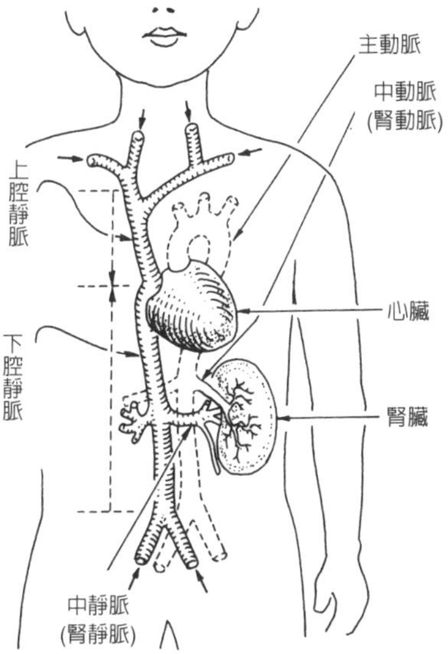

主動脈

中動脈
(腎動脈)

上腔靜脈

心臟

下腔靜脈

腎臟

中靜脈
(腎靜脈)

★何謂大靜脈

大靜脈是指心臟往上延伸的上腔靜脈，與向下延伸的下腔靜脈。

★與大靜脈相連的血管

上腔靜脈與集中頭部和雙手血液的中靜脈相連。

下腔靜脈則與集中內臟和雙腳血液的中靜脈、小靜脈相連。

全身血液經由這兩條大靜脈回到心臟。

★靜脈與動脈的關係

左圖表示左腎臟部分的例子，靜脈與動脈通常成為一組，形成圖中的腎動脈（中動脈）與腎靜脈（中靜脈）的狀態。

重點知識

血 管

靜脈的剖面

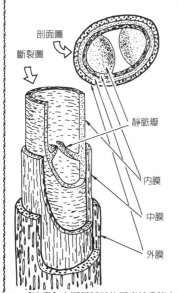

剖面圖

斷裂圖

靜脈瓣

內膜

中膜

外膜

★靜脈的特徵

❶形狀的特徵　剖面不規則，稍成扁平的形狀，血管壁雖分為三層，但都非常薄，而且沒有彈性。

❷構造的特徵　雙手、雙腳中心部的靜脈附有能防止血液逆流的瓣。

★為什麼會有瓣呢？

雙手與雙腳靜脈的血液，很多人認為是藉著心臟的幫浦作用吸上來的，但心臟作用僅止於以強大力量將血液輸送到全身而已。

微血管的血液匯合之後，靜脈的血壓接近0，不具有將血液往上推入心臟的力量。

這時，具有如幫浦作用的就是手和腳的靜脈瓣（詳情請參照次頁）。

【注意】上圖靜脈壁的厚度較為誇大。

重點知識

血　管　　　　# 靜脈的功能

★靜脈瓣的功能

❶靜脈瓣的構造請參照左圖。

❷走路彎曲腳脖子時，小腿肌肉緊張收縮，壓迫深部的靜脈（參照中圖）。

❸這時，聯絡的靜脈瓣封閉，深部靜脈瓣打開，因此會壓迫血管內的血液使往上擠。

❹接著，肌肉放鬆時，深部靜脈擴張，而在此一瞬間，瓣會封閉，因此往上推擠的血液不會逆流（參照右圖）。

❺同時，聯絡的靜脈瓣打開，將血液送入擴張的深部靜脈。

★幫浦的作用

小腿肚的肌肉反覆收縮放鬆，血液就會陸續被送回心臟。

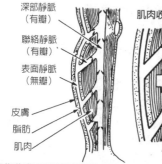

深部靜脈（有瓣）
聯絡靜脈（有瓣）
表面靜脈（無瓣）
皮膚
脂肪
肌肉

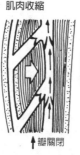

肌肉收縮
↑瓣關閉

肌肉放鬆
瓣關閉

重點知識

血　管　　　　# 靜脈血液如何回到心臟？

★促進靜脈血液循環的肌肉幫浦

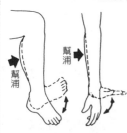

幫浦　　幫浦

腳下垂，或腳趾向上翹、往下放時，小腿肚會收縮（手也一樣）。

用手觸摸就可以感覺到收縮的感觸。而此時，靜脈瓣發生作用，將血液送回心臟（參照上段說明）。

也就是說，活動手腳時，能促進手腳的血液循環，反過來說，很少運動的人，手腳容易浮腫、倦怠，容易生病。

★靜脈血液循環的方式

頭或頸部的血液藉著地心引力，很自然的回到心臟，因此這裡的靜脈並沒有瓣。

但手或腳的血液，除了平躺之外，皆是藉由靜脈瓣、手臂、小腿的肌肉幫浦作用將血液送回心臟。

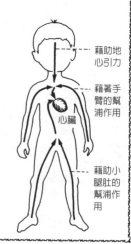

藉助地心引力
藉著手臂的幫浦作用
心臟
藉助小腿肚的幫浦作用

8 循環系統(2) 血管

重點知識

血　管

微血管的作用

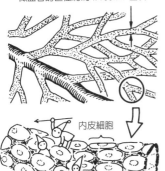

微血管的直徑約為1/100mm左右

內皮細胞

病毒

快點出來喔！

★微血管的構造

微血管直徑為1毫米的1/100，是非常細的血管。

血管壁是由內皮細胞構成的，為了讓血液成分或氣體等能順利通過細胞縫隙，具有以下的作用。

★微血管的作用

❶運送營養　蛋白質或葡萄糖等能運送到身體末端組織。

❷搬運氣體　新陳代謝所需要的氧，也能運來，同時運走二氧化碳。

❸去除老舊廢物　可以帶走末端組織新陳代謝所產生的老舊廢物。

❹攻擊入侵的異物　淋巴球、白血球等會攻擊病毒等。

重點知識

血　管

嘴唇或臉頰發青的現象

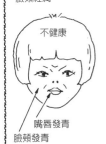

健康

嘴唇紅潤
臉頰紅潤

不健康

嘴唇發青
臉頰發青

★嘴唇為什麼會發青

血液融入大量的氧，就會變成鮮紅色。健康人的嘴唇與臉頰看來紅潤，就是因為微血管中充滿這樣的血液。

如果血液中含氧較少，會呈現暗紅色，透過皮膚就顯的略帶青色。

沒有元氣的嘴唇或臉頰看起來發青，就是因為微血管中流入含氧不足的血液，或因貧血缺少紅血球而造成的。

★手腳血管發青的原因

手腳表面可見到的血管為靜脈，而靜脈中的血液是含氧較低的血液，透過皮膚的顏色就變成青色。

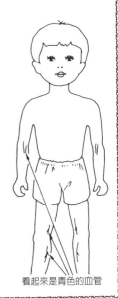

看起來是青色的血管

總和知識

血　液

血液概要

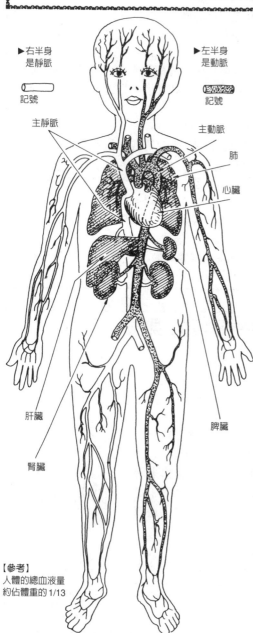

▶右半身
是靜脈

記號

▶左半身
是動脈

記號

主靜脈

主動脈

肺

心臟

肝臟

脾臟

腎臟

【參考】
人體的總血液量
約佔體重的 1/13

★何謂血液

　　在血管中流動的紅色液體稱為血液，是由稱為血球的小顆粒，與稱為血漿的液體所構成的。

★血液的功能

　　血液具有以下七種重要功能：

❶**交換氣體**　將氧運送到身體各處細胞，同時帶回二氧化碳。→紅血球

❷**運送營養**　將營養運送到細胞，同時帶回新陳代謝的老舊廢物。→血漿

❸**調節水分與鹽分**　調節身體細胞所需的水分及鹽分、鈣質、磷等。→血漿

❹**搬運荷爾蒙**　運送促進身體細胞或內臟活動的荷爾蒙、維他命等。→血漿

❺**防禦有毒微生物**　攻擊外部侵入的細菌及病毒等，保護身體健康。→白血球

❻**止血作用**　當血管破裂時，血液會凝固，在管內形成血栓，阻止血液循環。→血小板

❼**調節體溫**　主要在身體中心部產生的熱，藉著遍佈全身的血管發散，調節體溫。→血漿

★與血液有關的器官

　　心臟‧肺‧脾臟‧肝臟‧腎臟等內臟，及骨髓‧血管‧淋巴系統的器官，都與血液有密切的關係。

　　（請參照心臟篇‧呼吸系統篇‧消化系統篇‧泌尿系統篇‧血管篇‧淋巴系統篇）

重點知識

血液

血液的製造

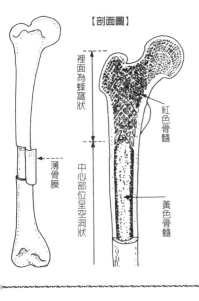

【剖面圖】

裡面爲蜂窩狀

中心部位呈空洞狀

薄骨膜

紅色骨髓

黃色骨髓

★骨骼的製造

骨骼表面有薄骨膜覆蓋，而內側則由鈣和磷爲主要成分的硬骨組織，中心部是空洞，兩端爲蜂窩狀的小房間。

★骨髓的作用

蜂窩狀的小房間中有紅色的骨髓，中間的空洞則有黃色的骨髓。

紅色骨髓製造血液中的紅血球、白血球、淋巴球、血小板，而透過分布在骨和骨膜中的無數微血管送到外面的血管。

黃色骨髓爲脂肪質，不具有造血的作用，但是當大量出血等緊急狀況時，會迅速轉變成紅色骨髓，製造血液成分。

【參考】隨年齡增長，黃色骨髓的比例會增加。

重點知識

血液

血液中的成分

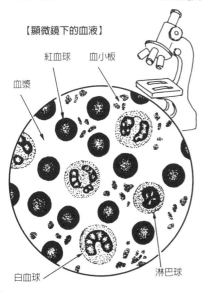

【顯微鏡下的血液】

紅血球　血小板

血漿

白血球　淋巴球

用顯微鏡放大血液來觀察時會發現左圖的狀況。

❶紅血球　紅色、平坦圓盤狀的細胞，含有血紅蛋白，負責運送氧及二氧化碳。

❷白血球　較紅血球大，能吞噬由外部侵入的有害微生物等。

❸淋巴球　爲白血球的同志，負責防禦有害微生物的工作。

❹血小板　比紅血球更小，在出血時具有凝固血液的作用。

❺血漿　以上所敘述的成分沈澱後，留在上方的澄清液體，內含成爲熱量源及荷爾蒙等的物質。

重點知識

血　液

紅血球的作用

★紅血球的構造

紅血球主要成分為鐵，同時也含有血紅蛋白。

血紅蛋白在氧濃度較高時與氧結合，而氧濃度較低處，則會釋放出氧，具有這種特別的能力。

此外，對二氧化碳則結合力較弱，但同樣也具有結合與釋放的能力。

★紅血球的作用

因此，紅血球在肺與氧結合，將其運送到身體的組織。

經由新陳代謝產生的二氧化碳也會與紅血球結合，運送到肺，釋放出去，從事搬運工作。

重點知識

血　液

紅血球為什麼是紅色的？

★血紅蛋白的構造

紅血球中所含的血紅蛋白物質與氧結合時會變成鮮紅色，釋放出氧時會變成暗紅色。

因此，流入動脈的血液呈現鮮紅色，而在微血管放出氧，流入靜脈的血液就變成暗紅色。

【參考】何謂青紫病？

心臟或肺臟有病變的人，或暫時窒息的人，嘴唇和手腳看起來都是青紫色的。

這是因為血液在肺部無法吸收足夠的氧，循環後血黑色的血液流入體表的微血管，因此透過皮膚看到的血管即呈青紫色。

醫師將皮膚的血氣喪失，看起來青紫的狀態稱為青紫病。青紫病也會因為血液中的血紅蛋白異常而引起。

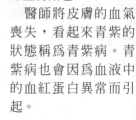

重點知識

血液 **大小便為黃色的原因【紅血球的一生】**

★紅血球的一生

紅血球的壽命大約4個月左右，然後就會老化。一天會有2500億個紅血球在脾臟或骨髓遭到破壞，但同樣數目的年輕紅血球會立刻由骨髓製造出來。

★小便（尿）是黃色的原因

紅血球遭到破壞後，其中所含的血紅蛋白就會變成黃色的膽紅素。

流入血管中，一部分在腎臟中過濾，因此小便（尿）是黃色的。

★糞便是黃色的原因

黃色的膽紅素聚集肝臟，經處理後，一部分直達十二指腸，混入食物中（殘渣在途中的膽囊中濃縮成青綠色，再送出。）因此，經過小腸、大腸的糞便是黃色或青綠色的。

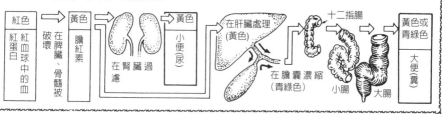

重點知識

血液 **瓦斯中毒的危險性【紅血球的作用】**

▶ 健康肺的氣體交換

▶ 一氧化碳中毒

▶ 缺氧空氣的窒息

★健康肺的氣體交換

紅血球中的血紅蛋白物質將運送來的二氧化碳釋放到肺的微血管，取而代之的是與氧結合，運送到全身。

★一氧化碳中毒的原因

一氧化碳與血紅蛋白結合的力量比氧強210倍，因此若吸入的空氣中含有一氧化碳時，紅血球會與一氧化碳結合，運送到全身。

導致全身組織缺氧，會危及生命，稱為一氧化碳中毒。

★缺氧的空氣會造成窒息的原因

空氣中的氧非常稀薄，或二氧化碳太濃時，紅血球無法進行氣體交換，就會形成窒息狀態（理由參照左頁上段）。

重點知識

血液

白血球的同類

【顯微鏡下的白血球同類】

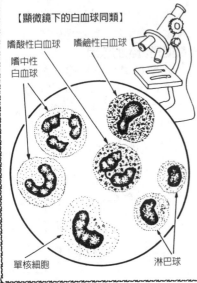

嗜酸性白血球　嗜鹼性白血球

嗜中性白血球

單核細胞　　　　　　淋巴球

如果將白血球染色後以顯微鏡觀察，可以分為以下的同類。

★顆粒白血球

看起來是顆粒狀的就是顆粒白血球。

其中，數目最多的就是**嗜中性白血球**，會吞噬掉不好的微生物。

此外，還有染成紅色的（**嗜酸性白血球**）及染成藍色的（**嗜鹼性白血球**）等物質，雖然作用不明，但似乎與過敏有關。

★無顆粒白血球

中間核較小的是淋巴球，負責與免疫有關的任務。

核較大的稱為單核細胞，也負責與免疫有關的工作，或是吞食作用（參照下段）。

重點知識

血液

【白血球的同類】單球的作用

最近發現了單核細胞的作用如下：

❶ 定居的單核細胞

此單核細胞稱為巨噬細胞，會聚集在骨髓或脾臟等特別的血管，定居於此。

然後從流入血管的紅血球中捕捉受傷或老化的紅血球，同時捕捉由外部侵入的微生物或異物等，並將其吞噬、消化掉。

這時，紅血球中所含的血紅蛋白與鐵質等會被回收，剩下的則變成膽紅素黃色物質（排泄之後成為糞便或小便的顏色）。

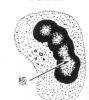

單核細胞

核

❷未定居的單核細胞

一部分的單核細胞會穿過血管壁，循環於肌肉等組織中。

因此，會進行與嗜中性白血球（參照次頁）同樣的工作，與由外部侵入的微生物等作戰。

單核細胞　　　膽紅素

受傷老化的紅血球 }紅血球　　　健康的紅血球

循環系統(3)血液

重點知識

血液 【白血球的同類】**嗜中性白血球的作用**

★嗜中性白血球的形狀與作用

白血球的同類中，最多的就是嗜中性白血球。構成細胞中心的核有各種形狀（參照左圖）。

嗜中性白血球

微生物

嗜中性白血球的工作 就是所謂「殺手」的工作。

對由外部侵入的微生物，會加水將其溶解（稱爲加水分解），具有將其吞噬掉的能力，稱爲吞食作用。

★嗜中性白血球的吞食作用

❶嗜中性白血球會變形，穿過微血管壁，移入皮下組織中的組織或肌肉中，自由移動。

❷這時，如果有從外部侵入的壞微生物時，嗜中性白血球不具有分辨敵人的能力。

但同樣是白血球同類的淋巴球，卻具有識別敵人的能力，因此微生物放出毒素侵襲時，就會釋放出對抗毒素的「抗體」。

❸抗體會包住微生物，而藉著這種化學的力量吸引嗜中性白血球。

❹這時，前方分爲一對長足（稱爲僞足）。

❺接近微生物，利用僞足包圍住微生物。

❻一對僞足端相連，將微生物吸入嗜中性白血球的體內，進行加水分解，或將其吞噬掉。

★嗜中性白血球與微生物間的戰爭，何者獲勝？

與白血球同類的嗜中性白血球與微生物的戰爭如右圖所示，不見得一定是嗜中性白血球獲勝。

如果能在侵入的微生物繁殖、拓展勢力之前即加以攻擊，則嗜中性白血球會獲勝。相反的，如果微生物的繁殖異常加快，或微生物身分不明時，淋巴球識別上有困難，速度減緩時，可能就會戰敗。

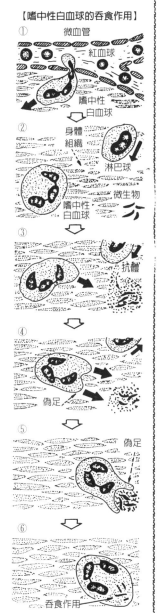

【嗜中性白血球的吞食作用】

① 微血管
紅血球
嗜中性白血球

② 身體組織
淋巴球
微生物
嗜中性白血球

③ 抗體

④ 僞足

⑤ 僞足

⑥ 吞食作用

重點知識

血　液　【白血球的同類】淋巴球的作用

★淋巴球的形狀、特徵及作用

淋巴球是白血球的同類之一，比其他的同類為小，只有一個核。

淋巴球的工作　就是所謂的「幫助者」。

當壞的微生物由外部入侵時，淋巴球會釋放出抗體，包圍微生物，並請同類「嗜中性白血球」將其吞噬掉。

★對未知的微生物，淋巴球發揮的作用

❶淋巴球對首次由外界侵入的微生物，在微生物釋放出毒素，發動攻擊之前，無法分辨其是否為敵人。

❷但受到攻擊之後，則會將對抗毒素的「抗體」釋放到血液或體液中。

❸抗體隨血液或體液的循環運送，會包圍產生毒素的微生物。

❹這時，藉著這個信號，抗體能吸引白血球的同類嗜中性白血球前來，吞噬掉微生物（詳情參照前頁）。

而淋巴球在微生物完全消滅後，具有持續記憶這種毒素的能力。

★將來再次遭受襲擊時

❺首次襲擊時產生的抗體一直殘留在血液或體液中，或毒素的記憶會陸續遺傳給新生成的淋巴球。

❻將來遇到同樣的微生物，發動攻擊時，殘留在血液或體液中的抗體，會立刻包圍住微生物，而淋巴球也能立刻探測毒素而產生抗體。

❼雖然微生物持續繁殖，但在增加勢力之前就會被嗜中性白血球吞噬掉，所以不會得這種疾病。

像這樣免除疾病的作用就稱為「免疫」。

【參考】　關於免疫，詳情請參照淋巴系統篇。

▶ 初次遭遇攻擊時

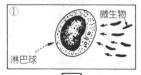

① 微生物　淋巴球

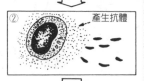

② 產生抗體

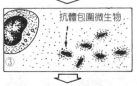

③ 抗體包圍微生物

④ 嗜中性白血球

▶ 再次遭遇攻擊時

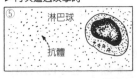

⑤ 淋巴球　抗體

⑥ 微生物　抗體包圍微生物

⑦ 嗜中性白血球

重點知識

血液

「膿」的真相【白血球的一生】

★白血球的一生

白血球同類中的單核細胞,定居在骨髓和脾臟,因此不會和微生物作戰而死去。

但嗜中性白血球或淋巴球會與微生物作戰,同時微生物的勢力增強時,會因為其毒素而陸續被殺害。

這時,骨髓和脾臟受到受傷細胞的刺激,會觀察戰況,陸續製造出新的援兵送入血管中。

★膿的真相

人的傷口一旦有壞的微生物侵入時,微生物釋放出毒素持續增殖,這時白血球同類的嗜中性白血球或淋巴球就會與微生物展開激烈的作戰。

傷口形成的膿就是作戰時被殺死的白血球或壞死微生物的屍體。

傷口　微生物　　　白血球　　　　　　　　　　　　　　膿

好像有很多營養耶!

分裂增殖

重點知識

血液

白血球的數目與疾病的關係

★人體內白血球的數目

1毫升的血液中,包含有500萬個紅血球,但白血球的數目卻僅有其1/1000,大約5000個左右。

健康人白血球與微生物作戰死亡,因為陸續會製造出同樣數目的年輕白血球,所以並無大礙。

★白血球減少的理由

因為某種原因導致白血球的數目減少,這時若有害微生物由體外侵入,身體的抵抗力就會減弱。

白血球的數量減少時,有害微生物不斷增殖,釋放出大量的毒素,嚴重時甚至會危及生命。

★白血球增加的理由

經由血液檢查,發現白血球異常增加時並不是件好事。

白血球異常增加表示身體某部位可能得到重病,需要大量的白血球以對抗病毒。

敵人消失了,大家進攻吧!

白血球異常減少時

快!大家快點上戰場囉!

白血球異常增多時

重點知識

血 液

停止出血的理由【血小板的作用】

★何謂血小板？

在血液中，最小的細胞就是血小板。

★血小板的作用

血小板在血管斷裂或是受傷時，因為受到刺激而開始活躍。溶解於血漿（血液的液體部分）蛋白質的一部分而發揮作用，變成纖維狀，與紅血球、白血球一起凝固，在血管內部形成栓子。

這個栓子就稱為「血小板血栓」（受傷時傷口的疤也是其中之一）。健康人在出血後10分鐘左右就能形成血栓。

【參考】因為某種原因血小板減少時，就會罹患出血不止的疾病。

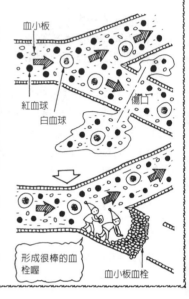

血小板

紅血球　白血球

傷口

形成很棒的血栓喔

血小板血栓

重點知識

血 液

血漿的作用

血漿

沉澱（血球）

血液

放置

★血漿的製造方式

進行血漿不會凝固的處置，放置一會兒之後，紅血球、白血球、血小板沉澱，剩下略帶黃色的透明液體就是血漿。

★溶解於血漿中的物質

血漿中90%是水，6～8%是蛋白質，2～4%是葡萄糖，都是血漿中的主要成分。

此外還有一點點的鹽分、骨的成分鈣質、鉀、磷、荷爾蒙，以及新陳代謝的老廢物、淋巴球所產生的抗體等。

★血漿的作用

❶搬運　將溶於血漿中的各種物質運送到全身組織，同時帶走新陳代謝的老舊廢物，亦即負責搬運的工作。

❷防衛　將淋巴球產生的抗體溶於血漿中，循環全身，並捕捉由外部侵入的壞微生物。

血管　　溶解營養的血漿

❸調節體溫　能夠補給因調節體溫而流失的水分與鹽分。

重點知識

血 液

血漿成分的作用

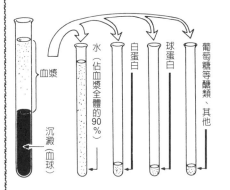

血漿分為如上圖所示的成分（參照左頁下段文字說明）。

★水的作用

水會溶解蛋白質、醣類等，運送到身體末端的細胞，補充細胞或是成為汗而流失的水分。

★蛋白質的作用

分為不同的種類，成為細胞新陳代謝的營養。

白蛋白具有維持血液水分穩定的作用，同時負責搬運營養。而球蛋白則是凝固血液的成分，同時可以捕捉外界侵入的微生物。

★醣類的作用

就好像使汽車奔馳的汽油般，人體需要由醣類製造出新陳代謝的熱量源。

重點知識

血 液

血液捕捉氧的構造【肺的一生】

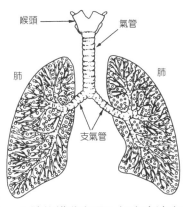

★肺的構造與吸入氣息之流向

吸入的空氣，經過氣管到達左右分枝的支氣管，繼續分枝，最後鑽進肺泡的小袋子中。

用顯微鏡觀察時，肺泡好像葡萄串般。表面則是如網眼般，遍佈血管的薄壁。

★氣體交換的構造

來自全身帶有二氧化碳的血液，在肺的微血管通過薄血管壁，將二氧化碳釋放到肺泡中，或是將肺泡中的氧吸收到血液內。

【參考】這個作用即稱為氣體交換。紅血球與氣體的作用，請參照呼吸系統篇的說明。

【肺泡的放大圖】

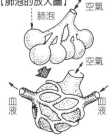

重點知識

血　液

引起貧血的原因

結膜　　牙齦
都會泛白

貧血有各種不同的種類，最常見的就是因缺鐵所引起的貧血。

★**缺鐵性貧血的原因**

❶ 食物中缺乏鐵質。

❷出現胃潰瘍現象，持續少量出血，或是因為女子的月經而引起的出血。

自行診斷　❶眼瞼內側（結膜）或是口中牙齦等失去血氣，看似泛白。

❷指甲泛白或變形。

說明　紅血球中所含的血紅蛋白物質，具有將氧運送到身體組織、帶走二氧化碳等老廢物的重要作用。

血紅蛋白是由鐵與珠蛋白（一種蛋白質）所構成的紅色化合物。

但是缺鐵的人，無法充分製造出血紅蛋白，紅血球中所含的血紅蛋白量較少。

換言之，是由缺乏紅色、運送氧的功能較低的紅血球循環全身。

因此，臉和手腳的血色盡失，容易疲勞，對疾病的抵抗力亦降低。

★**其他的貧血症**

紅血球的體型過大，或是血紅蛋白分子形狀異常等各種貧血的疾病也不在少數。

重點知識

血　液

血沉時可以了解的狀況

★**何謂血沉**

將血液放入玻璃管中，血球（紅血球、白血球、血小板）沉降的速度稱為「血沉」。

事實上，血液具有凝固的性質，所以事前要進行預防凝固的處置。

★**調查血沉可以了解的事項**

❶**速度**　當疾病進行時，血沉較快速。所以像結核等傳染病，或是盲腸

炎、肺炎、癌症等都可以使用此一方法加以診斷。

【參考】玻璃管中放入高20cm的血液，放置1小時後，男子的沉降部分（半透明的血漿）在10mm以內，女子在15mm以內就是健康。

❷**沉澱量**　血液中紅血球較少的人，沉澱量較少。相反的，對紅血球而言，血漿量較少的人，沉澱量較多，所以可以用來進行貧血或其他紅血球疾病的診斷。

血漿

放置一段時間

血液

血球

【參考】在判定復元期時，也可以調查血沉。

重點知識

連接肝臟的血管具有何種作用？

血 液

★肝臟的位置與大小

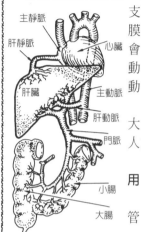

肝臟在腹部右上方，肺的下方，與支持肺的橫膈膜連黏，因此會配合呼吸運動而上下移動。

是內臟中最大的器官，成人重達1200g。

★血管的作用

肝臟與3條血管相連，各自的作用如下。

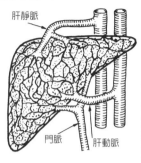

❶**肝動脈** 提供肝臟組織細胞營養，送入含有營養與氧的血液。

❷**門脈** 將小腸、大腸吸收的營養送達肝臟的血管，在肝臟中分枝為微血管，與來自肝動脈的血管混合。

❸**肝靜脈** 收集帶有不需要的二氧化碳的血液，流入大靜脈中。

重點知識

血液在肝細胞的作用

血 液

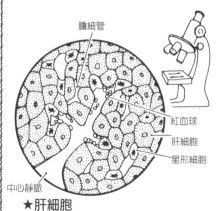

★肝細胞

毛細血管間是由肝細胞這種特別的組織所構成的。

(關於消化的內容請參照消化系統篇)

★肝細胞的作用（除了消化外）

❶**解毒作用** 在腸吸收的營養，通過門脈進入毛細血管時，肝細胞會包圍有毒物，並將其分解變成無害的物質，再回到毛細血管中。

❷**產生膽汁** 被破壞的紅血球(膽紅素黃色物質)會被肝細胞包住，其中的鐵質可以用來製造新的紅血球，剩下的則成為膽汁（消化液的原料）。

❸**儲藏熱量** 吸收醣類（葡萄糖等）成為糖原物質，儲藏在肝細胞中。必要時可以還原為葡萄糖，送達全身。

❹**其他** 製造維他命，調節全身的血液量。

重點知識

血液

脾臟的作用

從右側觀察
的脾臟

心臟

脾臟

脾靜脈

脾動脈

★脾臟的位置及大小

在肚臍的左上方，呈扁平長橢圓形，是重達100公克的小器官。

★脾臟的作用

❶儲藏紅血球　儲藏紅血球，以防大量出血等（因此脾臟是紅色的），必要時會放出大量紅血球。

❷破壞紅血球　破壞老舊的紅血球，將其中所含的血紅蛋白變成黃色的膽紅素（參照前頁下段）。

❸其他　製造淋巴球（參照淋巴系統篇）。

【參考】 一旦脾臟生病時，即使切除也不會危及生命，此時骨髓可以取代脾臟的工作。

為了預防萬一，要事先儲存紅血球喔！

破壞老舊的紅血球喔！

重點知識

血液

尿的真相【腎臟的作用】

腎動脈

腎靜脈

心臟

腎臟

輸尿管

膀胱

★腎臟的位置及大小

蠶豆形，長達10cm的器官。左右1對，右側位置稍高。

★腎臟的作用

由心臟送來的血液，約有20%通過腎動脈而經過腎臟。其量成人1天約150公升。

在腎臟過濾後，大部分（約99%）會通過腎靜脈，再度回到心臟，剩下1%的1.5公升左右會成為尿而排泄出來。

尿中含有水、新陳代謝產生的老廢物（尿素等）以及多餘的鹽分、膽紅素等。

膽紅素（參照上段、前頁下段）是黃色物質，所以小便是黃色的。

【注意】關於腎臟詳細的構造，請參照泌尿系統篇。

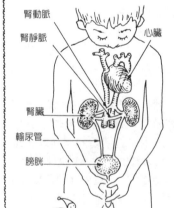

小便因為含有遭到破壞的紅血球，所以是黃色的。

重點知識

血 液

血型有幾種

人體在病毒入侵產生毒素，進行壞作用時，淋巴球會製造「抗體」等化學物質來加以防衛。

而製造「抗體」的因子，就是不良的作用「抗原」。

事實上，如果血液本身混合了不同血型的血液就會凝固，而造成凝固的不良物質「抗原」共有10種。

★血型的區分

利用抗原區分血型的話，大約有10多種。重要的有「ABO式」與「Rh式」。

★何謂「ABO式」

人類分爲 A 型、B 型、AB 型及 O 型四種血型。除了血液外，也可以透過體液（細胞液）、分泌液（唾液等）、毛髮、指甲、骨骼、牙齒等來檢查血型。

日本人以 A 型最多，100 人中的比例如下圖所示。

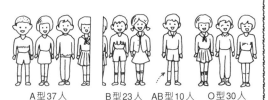

A型37人　　B型23人　AB型10人　　O型30人

重點知識

血 液

可以輸血的血型

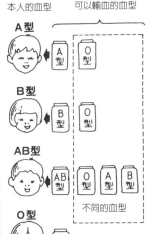

本人的血型　　可以輸血的血型

A型　A型　O型

B型　B型　O型

AB型　AB型　O型　A型　B型

O型　O型

不同的血型

★必須輸血的情況

成人的全部血液量平均爲 5 公升。

如果因爲受傷或手術等，失去 4 成約 2 公升以上的血液就會危及生命，此時一定要輸血。

★不適合的輸血

例如將 B 型血液輸給 A 型的人，則 B 型中所含抗原（參照上段）會使 A 型血液中的紅血球、白血球被溶解或凝固，而產生危及生命的副作用。

★何謂適合輸血

❶爲了防止發生上述的事故，必須輸同血型的血液。

❷但是如左圖所示，即使 A、B 型的人輸了 O 型的血液，AB 型的人輸了 O 型、A 型或 B 型的血液，由於抗原被中和，所以並不會產生副作用。

血液

父母血型與子女血型的關係

血型基於一定的法則會遺傳給子女，可以用來鑑定親子關係。

這個關係如下圖所示。但是有時即使父母都不是O型，也可能生下O型的孩子。

要說明這個問題比較困難。不過認為可能與遺傳學上的「A型與B型對O型是完全優勢，但是A型與B型沒有優劣之分」的法則有關。

簡單的說就是，A型與B型的人當中，有人帶有O型的劣勢基因。

如果父母兩人都具有O型的劣勢基因時，就可能生下只得到這個劣勢基因的O型孩子。

左表的▲記號，則是A型與B型，或是兩人都是A型或B型的父母生下O型的孩子。

父母	O	O	O	O	A	A	A	B	B	AB
子女	O	A	B	AB	A	B	AB	B	AB	AB
子女的血型 O型	O	O	O		O▲	O▲		O▲		
A型		A		A	A	A	A		A	A
B型			B	B		B	B	B	B	B
AB型						AB	AB		AB	AB

血液

「Rh陰性」是何種血型？

★血型的區分方式

一般為人所知的ABO式，將血型分為A型、B型、AB型與O型四種。

此外，還有一些區分的方法，不過重要的就是「Rh式」。

★何謂Rh式？

這是從紅毛猴（Rhesus Monkey）作實驗發現的血型，利用開頭的兩個字母稱為Rh式。

紅血球中，帶有Rh抗原的人，稱為Rh陽性，沒有的人則稱為Rh陰性（抗原請參照前頁上段）。

如果Rh陰性的人輸血給Rh陽性的人，得到這個血液的人，會對輸血者的「抗原」製造出「抗體」，因此血液會凝固而危及生命。

因此Rh陰性的人，只能夠接受同樣是Rh陰性人的血液。

而且還必須配合ABO式的血型區分方式。

例如O型（國人10人中有3人）Rh陰性的人機率只有

$1/250 \times 3/10 = 1/833$

也就是說833人中只有1人，因此要找出適合的血液非常困難。

總和知識

淋巴系統

淋巴系統的構造

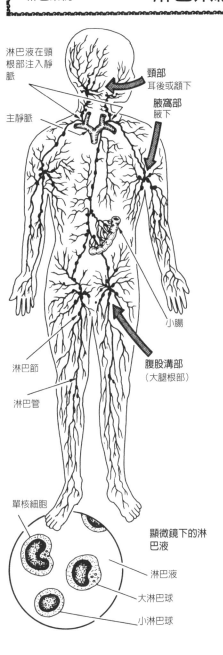

淋巴液在頸根部注入靜脈

主靜脈

頸部
耳後或頷下

腋窩部
腋下

淋巴節

淋巴管

單核細胞

小腸

腹股溝部
（大腿根部）

顯微鏡下的淋巴液

淋巴液

大淋巴球

小淋巴球

★何謂淋巴系統？

人體中，血管如網眼般遍佈。血管中有血液流通，這是大家都知道的。

但是除血管外，還有一種管遍及全身。在管中沒有血液，卻有液體流通，這是很多人都不知道的事……

這個管子稱為淋巴管，是細而透明的管子。管子流動著略帶黃色的透明液體，稱為淋巴液。

淋巴管的各處，有如蠶豆大的塊狀物淋巴結附著，具有非常重要的作用。

淋巴液的流通、淋巴管、淋巴結的整體構造，統稱為淋巴系統。

★淋巴液

去除血液中固體成分的液體稱為血漿，而淋巴液成分與血漿相同。

原本來自於毛細血管的血漿，滲透到身體的組織後，流入淋巴管中而稱為淋巴液。

★淋巴球

淋巴球是穿過血管薄壁白血球的同類，混入淋巴液移動，具有特別的作用。

★淋巴結

產生淋巴球，並製造出一部分的抗體防禦病原體。

（關於淋巴液、淋巴球、淋巴結，請參照各節的說明。）

循環系統(4)淋巴系統

重點知識

淋巴系統

淋巴液是何種液體？

【顯微鏡下的身體組織】

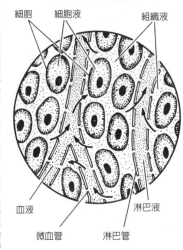

細胞　細胞液　　　組織液

血液　　　　　　淋巴液

微血管　　淋巴管

★顯微鏡下的人體組織

人體是由細胞這個非常小的組織，以及細胞中如網眼般的毛細管與淋巴管所構成的。

細胞間的縫隙，充滿著組織液。

在血管中流動的血液，其液體成分（血漿）滲透到血管薄壁外或是進入血管中。

事實上，從血管壁滲透出來的血漿，就是上述的組織液。

何謂淋巴液？

組織液當中，透過細小淋巴管薄壁流入管內的物質即稱爲淋巴液。

重點知識

淋巴系統

淋巴液流入淋巴管內的構造

淋巴管

淋巴液

瓣

肌肉

★流入淋巴液的構造

淋巴管的內壁，具有防止逆流的瓣（左圖）。

人體活動時肌肉收縮，淋巴管也會收縮，淋巴液會不斷的往上推擠。

往上推擠時，下方的淋巴液就會往上流動。

★流入靜脈處

上腔靜脈通往左右手臂以及頭部的分歧處，稱爲靜脈角。聚集的淋巴液在此注入血管，通過心臟、動脈送達全身（左圖）。

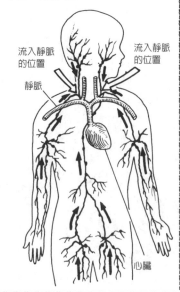

流入靜脈的位置　　　流入靜脈的位置

靜脈

心臟

重點 知識

淋巴系統

淋巴液的成分

【顯微鏡下的淋巴液】

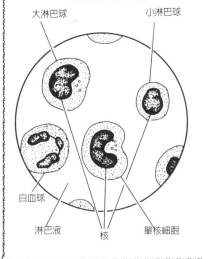

大淋巴球　　　小淋巴球

白血球

淋巴液　　核　　單核細胞

★淋巴液的成分

　用顯微鏡觀察淋巴液，會發現大淋巴球、小淋巴球、單核等細胞活動（雖然與血漿類似，但是蛋白質較少）。

　淋巴球和淋巴液，一起從毛細管中滲透到外面的組織，然後流入淋巴管中。

　★淋巴球的作用

❶大淋巴球　已經成熟，具有襲擊壞微生物等作用。

❷小淋巴球　剛從骨的骨髓製造出來，尚未成熟，在淋巴結中成長為大淋巴球。

【注】單核細胞與淋巴系統不同，請參照100頁的說明。

重點 知識

淋巴系統

淋巴球的作用

淋巴球　　抗體　　　　白血球

壞微生物

幾年後

這傢伙是以前攻擊過我們的壞蛋，白血球們快過來吃掉它。

OK!

抗體　　　淋巴球

白血球

再次入侵的微生物

★淋巴球具有四種能力

❶識別入侵的微生物　能夠分辨從外侵入的非體內壞微生物等。

❷釋出抗體　當壞微生物侵入時，會釋出抗體等化學物質。

　在血液或淋巴液等包圍作惡的微生物時，可以藉著抗體的化學力量吸引白血球接近，吞食壞微生物。

❸襲擊記憶　一旦被壞微生物等襲擊，在其完全消滅之後，會一直記得此種微生物，等到此種微生物再度入侵時，會立刻釋出抗體。

❹遺傳記憶　這個記憶會不停遺傳給在此人體內存活的淋巴球。

重點知識

淋巴系統

免疫

★感染

以麻疹病毒為例來說明。

麻疹病毒入侵人體時，最初會躲藏在某處，一邊釋出毒素一邊增殖。

身體防禦機能漸漸發揮作用，淋巴球與白血球合力擊退病毒。

這時不會發病，而淋巴球會一直記住病毒所釋出的毒素（關於淋巴球的作用請參照前頁下段）。

★發病

但是當病毒增殖太快時，淋巴球和白血球會在防禦戰中失敗。

病毒侵入血液中，釋出大量的毒素，甚至侵襲很多的器官，引起高燒或發病。

這時就需要藉著醫藥的力量消滅病毒了。

★免疫

沒有發病或是用藥物治癒後，與病毒作戰的淋巴球會一直記住麻疹病毒的毒素性質。

等到麻疹病毒再度入侵時，只要稍微釋出一些毒素，淋巴球就會立刻發現病毒，在其增殖前將其擊退，所以不用擔心會再次罹患麻疹。

這個能力能使人免除疫（疾病），因此稱為免疫。

❶病毒的入侵

❷開始防禦戰

❸防禦戰勝利

❹產生免疫力

❺病毒再度入侵

【防禦戰中失敗而發病】

ⓐ 病毒增殖

ⓑ 靠醫藥的力量治療

重點知識

淋巴系統

淋巴結（腺）的位置

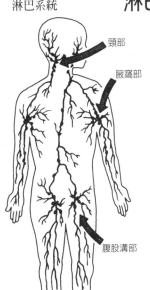

頸部

腋窩部

腹股溝部

★淋巴結的形狀與大小

淋巴結也稱為淋巴腺。

具有如蠶豆或蛋般的形狀，大小由大豆到蠶豆般大因人而異。

★淋巴結聚集較多處

淋巴結主要聚集在頸部、腋窩部、腹股溝部三處，也分布在內臟周圍。

❶頸部 耳後、耳下、頷下、脖子根部等。

❷腋窩部 就在腋下。

❸腹股溝部 腹股溝部（又稱鼠蹊部）是指大腿根部，這裡也有淋巴結。

★發現淋巴結的方式

用指尖抵住這些部分旋轉，就可以發現皮膚下方滑動的淋巴結。

重點知識

淋巴系統

淋巴結（腺）的作用

【淋巴結的剖面圖】

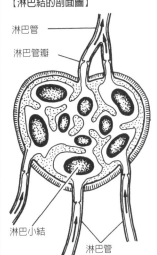

淋巴管

淋巴管瓣

淋巴小結

淋巴管

淋巴結具有以下三種作用。

★淋巴液的過濾作用

在淋巴管內流動的淋巴液，混合細菌、微生物、異物等，因此要由淋巴結過濾、捕捉。

★製造抗體

捕捉的細菌會釋出毒素，因此必須製造抗體中和毒素。

抗體不光是中和毒素，而且能夠包圍這些細菌，讓白血球將其吞食，是與免疫作用有關的化學物質。

★使淋巴球成熟

在骨髓剛製造出來淋巴球，必須待在此處成熟，等到能夠完全發揮功能時才送達全身。

循環系統(4)淋巴系統

重點知識

淋巴系統

淋巴結（腺）腫脹的原因

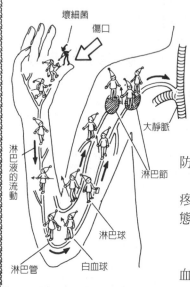

壞細菌
傷口
大靜脈
淋巴節
淋巴液的流動
淋巴球
淋巴管
白血球

★身體前線基地的防衛戰

如果傷口附著壞細菌，釋出毒素並開始增殖時，就會造成感染。

力量強大的細菌，突破了淋巴球、白血球所防衛的最前線後，就開始侵入淋巴管中往深處前進。

★身體最後陣地的防衛戰

突破淋巴管內防衛戰的細菌，進入人體最後防衛陣地淋巴結。

這時，沿著手臂的淋巴管就會腫脹。淋巴結疼痛，就證明此處有細菌，是非常危險的狀態。

★所有防衛戰都失敗的結果

如果淋巴結的防衛戰都失敗，則細菌會透過血管遍佈全身，會得到重病──敗血症。

重點知識

淋巴系統

扁桃（腺）腫脹的理由

★扁桃的作用

不論是用以攝取食物的口，或是鼻子吸入的氣息所通過的喉嚨，都是最重要的通道入口。為了避免害細菌侵入，因此必須由扁桃守衛。

★扁桃的位置

扁桃在喉嚨周圍圍繞一圈。

下側是舌扁桃體，而喉結左右則有顎扁桃體。從外側見到的深處上側有咽扁桃體，通過耳的小孔下方有耳管扁桃體。通常我們所說的「扁桃」或「扁桃腺」指的是 扁桃體。

★扁桃紅腫的理由

扁桃像淋巴結般，具有對付壞細菌等的防禦機能。而扁桃會紅腫，就是因為細菌的力量過於強大，一邊釋出毒素，一邊增殖所造成的。

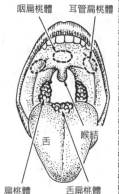

咽扁桃體　耳管扁桃體

舌　喉結

扁桃體　舌扁桃體

泌尿器官

泌尿器官的概要

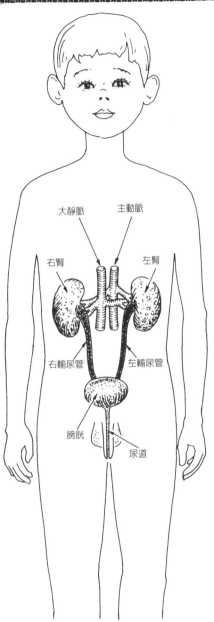

大靜脈　　主動脈

右腎　　　　左腎

右輸尿管　　左輸尿管

膀胱

尿道

★何謂泌尿器官？

人為了生存，必須由外界攝取食物、水、空氣，當成營養吸收。

這時體內產生的變化稱為新陳代謝，或是稱為代謝。新陳代謝所產生的老廢物會溶於血液中，透過身體各處的靜脈匯集到心臟。

老廢物當中的二氧化碳，會經由肺的呼吸排出體外。而其他的物質則成為尿（小便），由尿道排出體外。

泌尿器官就是將尿在血液中過濾，以及與排泄有關的器官總稱。包括腎臟、輸尿管、膀胱、尿道四種。

【參考】「泌」這個字是指液體滲出的意思，而泌尿器官就是指使尿滲出的器官。

★屬於泌尿器官的各種器官

❶腎臟　過濾血液中尿的器官，左右共1對。

尿中除了老廢物外，還有一些溶解於血液中的剩餘物質。

❷輸尿管　將腎臟過濾的尿送到膀胱的器官，左右共1對。

❸膀胱　暫時儲存經由2條輸尿管送來的尿的袋狀器官。

❹尿道　將儲存於膀胱的尿，排泄到體外的管子。

女子的尿道與男子相比的特徵就是比較短。

重點知識

泌尿器官

腎臟的構造

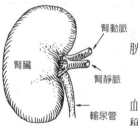

★**外側看得到的腎臟構造**

腎靜脈、腎動脈兩條血管，和將過濾的尿運送到膀胱的輸尿管連接腎臟本體。

★**剖面後看到的腎臟構造**

❶**皮質** 最外側的部分，有無數細微的組織負責從血液中過濾尿液等，稱為「腎小球囊」。

❷**髓質** 這裡有無數細管組織，稱為「尿細管」，會再吸收腎小球囊過濾尿中的有用成分。

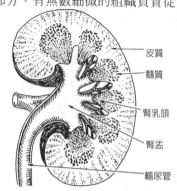

❸**腎乳頭** 尿細管中的尿會先聚集在集合管中，經由腎乳頭流到腎盂。

❹**腎盂與輸尿管** 由7～10個腎乳頭流出的尿，聚集在腎盂這個寬廣的空洞部，滴滴答答的流入輸尿管中。

重點知識

泌尿器官

腎臟中的「腎單位」

【腎單位的模型圖】

★**腎臟中過濾尿的「腎單位」**

在腎臟中如左圖所示，在皮質部的「腎小球囊」和來自皮質部橫跨髓質部的「尿細管」成為一組。

這一組組織稱為「腎單位」。腎小球囊與尿細管互補過濾尿（小便）。

★**腎單位的數目**

腎單位小到肉眼看不見，一個腎臟就有大約100萬個腎單位。

★**腎小球囊與尿細管的作用**

腎小球囊能夠從腎小球的血液內，過濾大量水分和微小成分，流入尿細管。而尿細管則從這些液體當中，再吸收身體所需要的水分、成分（詳情請參照次頁）。

泌尿器官

腎臟中腎小球的作用

【腎單位的頭部】

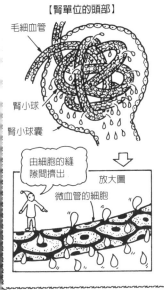

毛細血管

腎小球

腎小球囊

由細胞的縫隙間擠出

放大圖

微血管的細胞

★腎小球的作用

腎動脈前端的血管，分枝越來越細成爲微血管，一部分與腎小球相連。

腎小球與長的微血管纏繞在一起，但是血管壁相當薄。

★在腎小球過濾「原尿」的構造

❶以心臟的強大壓力，擠出血液流入腎小球時，壁變薄的毛細血管細胞縫隙可以溶入或擠出血液中的水分。

❷這時除了血液中顆粒較大的成分（白血球、紅血球、血小板）和蛋白質外，幾乎所有的成分都被過濾出來。

❸過濾出來的成分成爲尿的根源，稱爲「原尿」。

泌尿器官

腎臟中尿細管的作用(1)

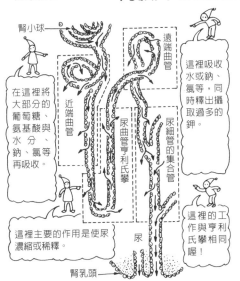

腎小球

遠端曲管

這裡吸收水或鈉、氯等，同時釋出攝取過多的鉀。

在這裡將大部分的葡萄糖、氨基酸與水分、鈉、氯等再吸收。

近端曲管

尿曲管亨利氏攀

尿細管的集合管

這裡主要的作用是使尿濃縮或稀釋。

這裡的工作與亨利氏攀相同喔！

尿

腎乳頭

★尿細管的工作

在腎小球過濾的「原尿」中，依然含有很多身體必要的成分。

因此「尿細管」必須要再吸收這些成分。

★排尿的構造

尿細管依負責工作種類的不同而分爲四部分。

近端曲管、亨利氏攀、遠端曲管的工作如左圖所示。

吸收必要的成分後，將剩下的尿送達集合管。在集合管與相鄰的腎單位末端連結收集尿，排出到腎乳頭。

重點知識

腎臟中尿細管的作用(2)

泌尿器官

腎小球

毛細血管

細動脈

細靜脈

毛細血管

腎乳頭

尿細管

尿

★尿細管周圍毛細血管的狀況

尿細管周圍如網眼般遍佈著無數的毛細血管。

由腎動脈流入的血液，一部分流入腎小球，大部分則送到尿細管周圍的毛細血管中。

★毛細血管的作用

毛細血管中的血液，負責從流入尿細管的原尿中再吸收有用的成分。

簡單而言，就是發揮化學力量，將有用的成分吸入毛細血管的血液中，剩下的則成為尿。

> 在尿細管與毛細血管的縫隙間，繼續吸收身體需要的有用成分。

有用成分

毛細血管

尿細管

重點知識

由尿細管中排出的尿的目的地

泌尿器官

腎小球

尿細管

尿細管
集合管

腎乳頭
小腎盞
大腎盞

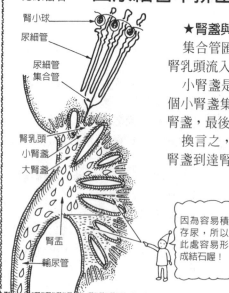

腎盂

輸尿管

> 因為容易積存尿，所以此處容易形成結石喔！

★腎盞與腎盂構造

集合管匯集幾條尿細管濃縮的尿，由其前方的腎乳頭流入小腎盞。

小腎盞是像杯子形狀的筒，前端則與由兩到三個小腎盞集合的大腎盞相連。尿經過小腎盞→大腎盞，最後流入廣大的房間腎盂中。

換言之，尿經由腎乳頭一滴一滴的流出，通過腎盞到達腎盂，然後毫不停留的通過輸尿管繼續留到膀胱儲存。

★何謂腎盞結石

腎盞中的尿容易停滯，因此會形成結石。如果在裡面成長到無法排出體外的結石，則稱為「腎盞結石」。

重點知識

泌尿器官

健康人1天排出的尿量

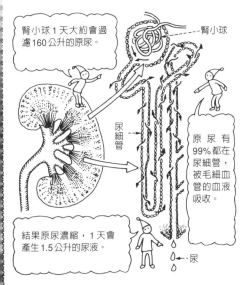

腎小球1天大約會過濾160公升的原尿。

腎小球

尿細管

原尿有99%都在尿細管，被毛細血管的血液吸收。

結果原尿濃縮，1天會產生1.5公升的尿液。

尿

★健康人1天的尿量

健康成人的腎臟，1天會製造出1.5公升的尿（詳情請參照左圖）。

可以經由以下證明尿液中的老廢物會被過濾出來。

★腎臟進行過濾的證明

例如蛋白質會經由新陳代謝成為尿素，殘留在食物殘渣中。而尿素在尿中的含量爲血液中的60倍。

此外，健康人的尿中應該不會出現存在於血液中的葡萄糖。

這就證明腎臟只會過濾老廢物。

重點知識

泌尿器官

健康人的尿

★尿的顏色應該是黃褐色或黃色。

★成人的尿量1天約1.5公升，但是會因攝取水分的情況而增減。

★尿的比重通常爲1.015～1.025，但是也會因水分攝取多寡而上下變動。

★尿的成分大部分（94～95%）是水，剩下的（5～6%）則是固體成分。

水

固體成分（鹽分或尿素等）

最多的是尿素，1天大約排出25～35公克（參照上段）。

次多的則是鹽分，1天大約排出9公克。

再次多的就是肌酸酐，1天會排泄1～1.5公克（這是肌肉活動熱量源的老廢物）。

接著就是尿酸，1天會排泄0.5～0.8公克（這是細胞新陳代謝所產生的廢物，也是成爲結石原因的物質之一）。

此外，還有排出少量的尿膽素（成爲尿黃色的原因物質）、氨（成爲尿氣味的原因物質）、鉀、鎂等。

此外，也包括因爲腎臟細胞的新陳代謝，而剝落的上皮細胞、白血球、紅血球等等。

重點知識

泌尿器官

鹽分攝取過多會浮腫的理由

【參考】溶解於血液中的電解質

❶原子或分子當中，有些帶有正負電子並能夠溶於水的物質，就稱爲「電解質」。

（帶有+電的稱爲陽離子，帶有-電的稱爲陰離子）

❷例如食鹽（化學記號 NaCl）溶於水中時，會分解爲 Na+（鈉陽離子）與 Cl-（氯的陰離子）。

❸所以如果食鹽溶解於血液中

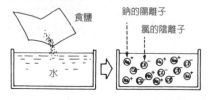

（血液中含有大量的水），就會成爲電解質，分解爲鈉的陽離子與氯的陰離子。

【參考】血液中電解質的作用

人要健康的活著，則溶於血液中的電解質（鈉、鉀、磷等）的作用非常大。

例如鈉負責保持人體內所有細胞內、外液之平衡。

而腎臟則負責間接調節這些電解質量的平衡。

❶腎臟的腎小球，會過濾流過來的血液中形體較大的成分（白血球、紅血球或血漿蛋白）以外的物質（稱爲原尿），並送到尿細管。

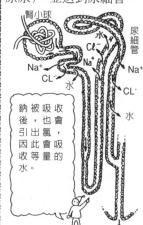

鈉被吸收後，也會引出氯，因此會吸收等量的水。

❷原尿中含有人體所需的電解質和水等，因此會將其再吸收。在此敘述關於食鹽再吸收的構造。

❸尿細管首先會再吸收維持人

體健康的鈉（Na+），送入通過旁邊毛細血管的血液中。

❹接著，再吸收藉著電氣的力量引出的氯（Cl-）。

❺這時吸收了鈉和氯（合稱爲食鹽）的血液，因爲食鹽成分太濃，所以會自動吸收水，保持與周圍細胞相同的濃度。

❻最後，因爲腎臟1天只能排泄9公克食鹽，所以如果血液鹽分濃度太高，當長長的尿細管過濾原尿時，就會自動吸收大量的鹽分和水，因此尿的水量會減少。

❼結果含有大量水的血液進入身體組織細胞，而細胞內外就像浸泡在水中般，造成人體的浮腫。

重點知識

泌尿器官

腎臟分泌荷爾蒙的作用

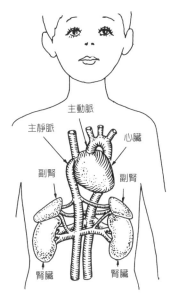

主動脈

主靜脈

心臟

副腎

副腎

腎臟

腎臟

副腎的球狀層

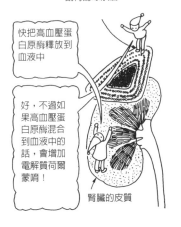

快把高血壓蛋白原酶釋放到血液中

好，不過如果高血壓蛋白原酶混合到血液中的話，會增加電解質荷爾蒙唷！

腎臟的皮質

★荷爾蒙導致血壓上升

用兔子等作動物實驗，稍微夾住腎動脈，使血液流動不順暢時，血壓立刻就會上升。

而人類的情況也相同。

腎臟的動脈一旦出現血液循環障礙時，就會分泌來自皮質部的「高血壓蛋白原酶」到血液中，對某種蛋白質發揮作用。

此時會增加心臟跳動的力量，同時使全身細動脈的血管壁收縮。由於這兩種作用一起出現，所以造成血壓上升。

換言之，腎臟能夠使血壓上升，這乃是不可忽略的事實。

★荷爾蒙調節電解質

腎臟皮質部分泌的「高血壓蛋白原酶」荷爾蒙，還有另一個重要作用。

將話題稍微扯遠一些。附著在腎臟上方的三角形「副腎」器官，在其最外側的球狀層處，會分泌電解質荷爾蒙（別名醛甾酮）到血液中。

這個電解質荷爾蒙，能夠調節溶解於血液中電解質（參照前頁）的量，同時調節循環全身的血液總量。

回到原先的話題。腎臟所分泌的「高血壓蛋白原酶」荷爾蒙，負責抑制這個電解質分泌量的作用。

換言之，「調節血液中電解質荷爾蒙平衡的根源就在於腎臟」，所以腎臟是非常重要的器官。

【參考】抗利尿荷爾蒙的作用

這個荷爾蒙是由腦下垂體後葉分泌到血液中，負責抑制遠端曲管對水的再吸收量。因此當此種荷爾蒙分泌減少時，無法抑制水的吸收量，就會產生比平時多好幾倍的尿。

【參考】電解質荷爾蒙（醛甾酮）與抗利尿荷爾蒙荷互助合作，取得水分的平衡。

重點知識

泌尿器官

輸尿管的構造與作用

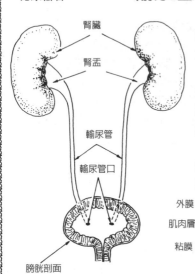

腎臟

腎盂

輸尿管

輸尿管口

膀胱剖面

輸尿管是將腎臟陸續過濾的尿引導到膀胱的管子，口徑約4～7mm，長約28～30cm，下端則開口於膀胱的底部。

輸尿管的剖面如下圖所示。管的內壁有很多的皺襞聚集，尿流過的部分成爲狹窄的縫隙，因此由腎臟溢出的小結石容易阻塞在此處。

但是因爲管壁有肌肉層，富於彈性，因此攝取大量水分，增加尿量，就可以使尿路膨脹，使結石輕易的下落，排出體外。

外膜
肌肉層
粘膜

輸尿管剖面　　結石　　多量的尿

重點知識

泌尿器官

膀胱的構造與作用

【女子】

膀胱　子宮

恥骨

尿道口　肛門

★膀胱儲尿與排尿的構造

膀胱是暫時儲存輸尿管流入的尿的袋子，袋壁爲肌肉層。

袋的容量爲500毫升，當積存的尿量到250～300毫升時，受到神經刺激就會引起尿意，袋子出口的括約肌就會放鬆。

而袋子的肌肉層

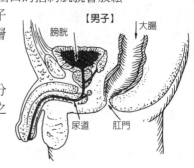

【男子】

膀胱　大腸

尿道　肛門

會收縮，將尿用力排出。

★1天排尿的正常次數

健康人1晝夜排尿5～6次，攝取過多水分時大約10次左右。從晚上睡覺到隔天清醒之前，排尿大約爲0～1次。

如果神經興奮，排尿次數就會增加。

11 泌尿系統

重點知識

泌尿器官

女性尿道的構造

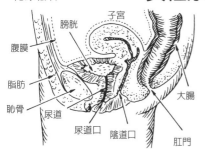

道口侵入的細菌感染。

★排尿的構造

膀胱出口到尿道的中途，有2種括約肌（內括約肌與外括約肌）。

當膀胱中的尿積存到一半以上時，腦接受神經信號就會引起尿意，放鬆括約肌而排尿。

★排尿後的處理

排尿之後，殘留在尿道口的尿會成為細菌繁殖的絕佳場所。

為了防止旁邊的陰道口受到感染，因此要用衛生紙由後往前拭乾。

★尿道的構造

女子的尿道，是將儲藏在膀胱的尿排泄到外部的通路。

尿道的長度與男子相比非常短，大約只有4cm，所以膀胱容易受到由尿

重點知識

泌尿器官

男性尿道的構造

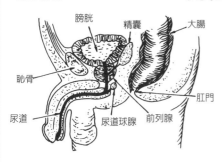

～23cm，比女子長很多，所以不容易受到來自尿道口的細菌感染。

★排尿的構造

後部尿道，也就是前列腺部分的尿道周圍，有內、外雙重括約肌。當膀胱積存尿時，此肌肉就會放鬆而排尿。

★男子尿道的特徵

男子尿道的特徵，就是前列腺與尿道球腺（別名考腺）合起來的前部尿道，也是精子的通路。

尿道球腺會分泌鹼性的黏液滋潤尿道，和生殖器官中的前列腺具有同等重要的作用，詳情請參照生殖器官篇。

★尿道的構造

男子尿道與女子相比較複雜。通過前列腺內的部分稱為後部尿道，在其前方則是前部尿道，在此分別說明其作用。

管長包括前部、後部尿道，總計20

第3篇
調節與控制

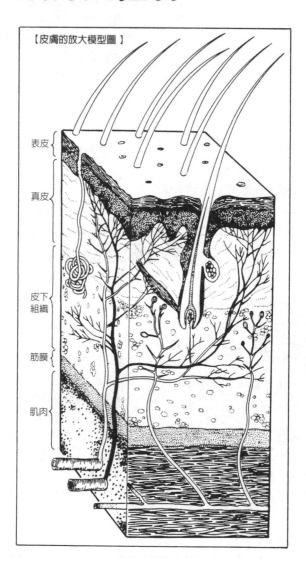

【皮膚的放大模型圖】

表皮{

真皮{

皮下組織

筋膜

肌肉

總合知識

眼 睛

眼睛的概要

★何謂眼睛？

眼睛是根據外界的光，接收各種情報的器官。左右眼球收納在顱骨正面的陷凹處。

附屬器官則是眼瞼、淚器、睫毛、眉毛、眼肌等等。

★眼球的構造與作用

眼睛的眼白（強膜）部分的內側，有透明的角膜覆蓋，具有如透鏡形狀的晶狀體，以及充滿於縫隙間的眼房水三者組合而成的透鏡群。

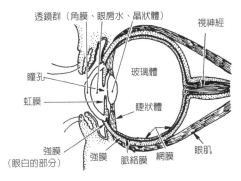

透鏡群（角膜、眼房水、晶狀體）
視神經
瞳孔
玻璃體
虹膜
睫狀體
強膜（眼白的部分）
強膜 脈絡膜 網膜
眼肌

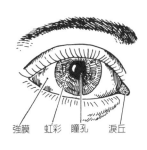

強膜 虹彩 瞳孔 淚丘

虹膜負責如相機光圈的工作。

睫狀體的肌肉組織會伸縮，改變晶狀體的折射率，負責對焦的工作。

當光從外界通過透鏡群時，直接射進透明膠狀的玻璃體，再射入眼球背後的網膜結像並刺激視神經。

重點知識

眼 睛

眼睛與相機構造的共通點

眼睛與相機的構造非常類似，具備最新式相機的自動曝光調節，或是自動焦點調節的系統等最完善的設備。

其他共通點則如下圖所示，眼瞼還兼具快門的作用。

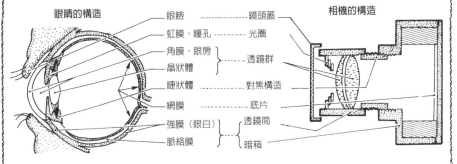

眼睛的構造

眼瞼 ---------- 鏡頭蓋
虹膜、瞳孔 -------- 光圈
角膜‧眼房
晶狀體 -------- 透鏡群
睫狀體 -------- 對焦構造
網膜 ---------- 底片
強膜（眼白）
脈絡膜 -------- 暗箱
透鏡筒

相機的構造

重點知識

眼睛 **突然到亮的地方會覺得目眩的原因**

★虹膜肌肉的構造

虹膜控制瞳孔縮小或放大,負責穩定光通過的量。

縮小瞳孔時,內側輪狀的括約肌收縮。相反的,放大瞳孔時,外側放射狀的散大肌會收縮。

太陽下　房間內　黑夜

保持通過定量的光的虹膜變化

★目眩的原因

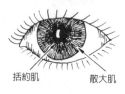

虹膜的模型圖

括約肌　散大肌

虹膜的肌肉是平滑肌,所以動作比較遲緩。突然到亮處時,括約肌無法瞬間收縮,因此暫時使得大量的光通過,因而出現目眩的現象。

相反的,突然從明亮處到暗處時,因為散大肌無法立即收縮,瞳孔仍然維持縮小的狀態,所以暫時會因光量不足而看不清楚。

重點知識

眼睛 **網膜的構造**

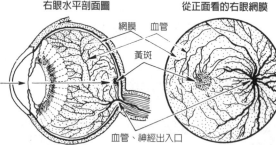

右眼水平剖面圖　　從正面看的右眼網膜

網膜　血管

黃斑

血管、神經出入口

★網膜的構造

網膜上緊密的排列著對射入之光會產生反應的細胞。

一隻眼睛,就有1億個細胞會對光產生反應,6百萬個細胞對光的顏色產生反應。而各細胞對於所感受的刺激,會轉換為電氣信號而傳達到大腦。

大腦會中和所有細胞的情報來判斷所看見的物體。

★黃斑的作用

黃斑在網膜中心,在所見物光射入處的中心,只排列對光顏色會產生反應的細胞。

換言之,此處可以分辨顏色,可以說是視力最重要的部分。

由外側觀察此處時,會見到黃色的斑狀,因此稱為黃斑。

12感覺系統(1)眼睛

眼 睛

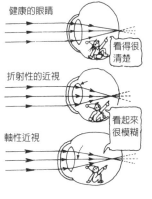

健康的眼睛

看得很
清楚

折射性的近視

看起來
很模糊

軸性近視

矯正近視

看得很
清楚喔

凹透鏡

何謂近視？

健康人的眼睛看遠時，由物體的一點發出的光成平行線射入眼睛。經過晶狀體折射後，在網膜上結成焦點，可以見到焦點對應的映像。

★近視的構造與兩種形態

但是近視的人看遠時，在到達網膜前就已經聚集焦點，因此到網膜面時光會擴散，只見到焦點模糊的映像。

近視的原因有兩種。…角膜和晶狀體過度彎曲，或折射率太強型（**折射性近視**）。…另一種就是眼球朝光軸拉長型（**軸性近視**）。這型的人眼球大多朝前突出。

★矯正近視的方法

近視戴凹透鏡就能夠矯正，但是太深度的近視則無法矯正成正常視力。

眼 睛

預防近視的閱讀法【明視的距離】

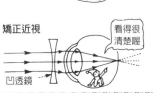

明視的距離
約25cm

眼睛看近物時，調節晶狀體的肌肉（睫狀肌）的緊張（收縮）會增大，因此眼睛容易疲勞，重複多次就會形成近視。

為了避免發生此種情況，在閱讀時要保持25cm以上的距離。…這個25cm就是「**明視距離**」，是不會造成眼睛過度疲勞的間隔。

【注意】此時絕對不可以做的事

眼睛疲勞或是想要矯正視力時，絕對不可以用力按壓兩邊的眼球。

眼球背後的神經受到刺激時，會使自律神經興奮，脈搏跳動遲緩、血壓下降、顏面潮紅、呼吸加快，有時甚至造成心臟暫時停止跳動的危險狀態。

重點知識

眼 睛

何謂學校近視？

1.看遠時

睫狀肌在休息喔

由於焦點吻合，所以呈現清楚的像。

2.看書時

明視的距離約25cm

睫狀肌有一點緊張喔

3.習慣太過靠近書本閱讀時

睫狀肌非常緊張喔

4.打算看遠時⋯

殘留緊張的麻痺，因此映像模糊。

❶看遠時睫狀體肌肉休息，但是❷以明視的距離（參照前頁中段）看書時卻會緊張（收縮）。

❸在明視距離以內看書時，肌肉強力緊張（收縮）。成為習慣後，睫狀肌收縮造成麻痺，因此❹看遠時會出現類似折射性近視（參照前頁上段）模糊的現象。

這就是學校近視的原因與症狀。

★預防學校近視的方法

學校近視可以利用阿托品點眼藥去除麻痺，恢復視力。

但是容易復發，所以要養成經常看遠處的習慣，讓睫狀肌休息，才是最重要的。

重點知識

眼 睛

何謂散光？

★散光的原因與看東西的方式

散光透鏡的形狀
角膜

散光透鏡的剖面，依看的方向不同而有不同形狀。

透鏡

散光是構成眼球尤其是透鏡一部分的角膜歪斜而造成的。

就好像用手指夾住饅頭的直徑方向，輕輕捏下去的形狀般歪曲，因此擠壓方向的折射率異常（左圖）。

用此種眼睛看下圖的散光檢查表時，被擠壓方向的直線看起來模糊，直角方向的直線則因為焦點吻合而看得很清楚。

★矯正散光的方法

以上敘述的散光，必須要藉著散光透鏡彌補被擠壓方向的折射率。而角膜凹凸所造成的散光則無法矯正。

【散光檢查表】

散光的人看東西的例子

重點知識

眼睛

何謂遠視？

健康的眼睛

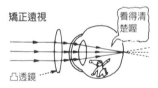

看得很
清楚喔

折射性的遠視

焦點

看起來
很模糊

軸性的遠視

健康人的眼睛看遠處時，物體一點發出的光，會以平行的方式射入眼睛。利用晶狀體在折射過的網膜上聚集焦點，因此會見到清楚的映像。

★遠視的構造與兩種形態

但是遠視的人無法調節晶狀體，看遠處時，入射光的焦點跑到網膜的後方，會在網膜上形成模糊的映像。

遠視的原因有兩種。…角膜或晶狀體的彎曲過小，或折射率太弱型（**折射性遠視**）。…另一種就是眼球朝光軸方向縮短型（**軸性遠視**）。

此外，當高度遠視想要看近處時，必須要用力的調節晶狀體，而且遠近雙方的視力都很弱。

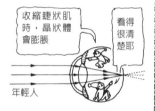

收縮睫狀肌時，晶狀體會膨脹

看得很清楚耶

年輕人

★矯正遠視的方法

矯正遠視

凸透鏡

看得清楚喔

年輕人在無意識中會調節眼睛的晶狀體，所以不用擔心遠視的問題。但是隨著年齡的增長，眼睛疲勞，視力減退，因此必須戴凸透鏡矯正。

重點知識

眼睛

何謂老花眼？

在看書時，如果需要靠近一點才能看清楚的位置稱為「**近點**」。年輕人的近點由於晶狀體富有彈性，因此只要努力，約為10cm左右。

但是過45歲之後，晶狀體硬化，無法完成看近物的調節。

因此近點超過**明視距離**的狀態，就稱為**老花眼**。

老花眼與遠視一樣需要戴凸透鏡矯正，才能以明視距離看清楚書上的字。

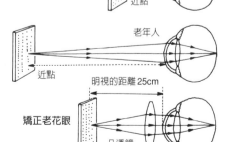

年輕人

近點

老年人

近點

明視的距離25cm

矯正老花眼

凸透鏡

重點知識

眼　睛

何謂斜視？

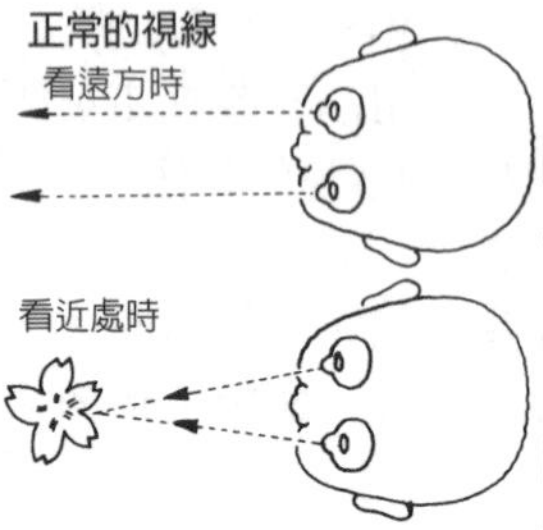

★正常眼睛的視線

看遠處的東西時，兩眼的視線接近平行。看近物時，則朝向內側焦點聚合，因此感覺映在兩眼的像是一種物體。

★斜視者的視線

看遠處或是近處的東西時，一邊眼睛的視線朝向物體，而另一邊視線則朝向斜前方。

朝內的眼睛稱為內斜視，朝外的眼睛稱為外斜視。此外，還有朝上或朝下等各種的斜視。

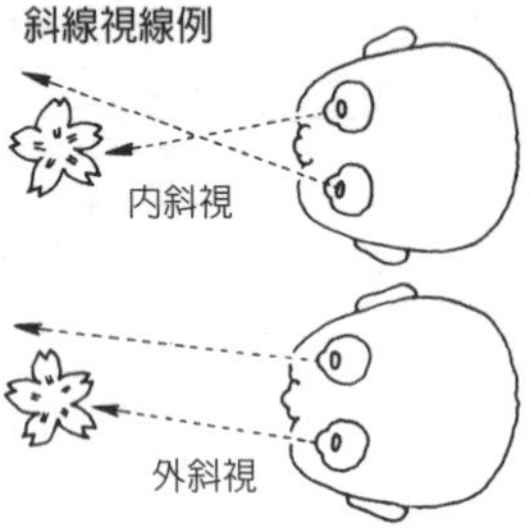

正常的視線
看遠時

看近處時

斜線視線例

內斜視

外斜視

重點知識

眼　睛

何謂弱視？

一般而言，一邊的眼睛很好，但是視力很弱，即使戴眼鏡也無法矯正時就稱為弱視。

原因可能是先天的，也可能是因為斜視等，使得長時間不使用的眼睛失去了看東西的機能而造成弱視。…遮住健康的眼睛，養成用弱視眼睛持續看東西的習慣，也能恢復一些視力。

重點知識

眼　睛

何謂色盲？

網膜中對光顏色產生反應的細胞，分為對光的三原色紅光、藍光、綠光各自產生反應的3種細胞。

色盲或色弱是指某種出現了障礙、只產生一點點的作用或是作用遲鈍時所產生的現象。

例如對紅光產生細胞障礙者，在看左圖時無法識別紅點與綠點，因此看不清楚。

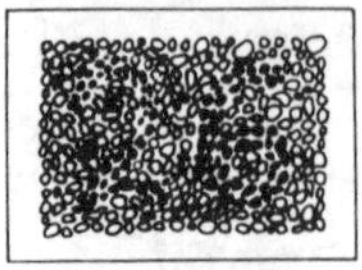

但是卻能正確的識別其他顏色。

色盲會遺傳給男子（約5%），但是偶爾也會出現在女子身上。

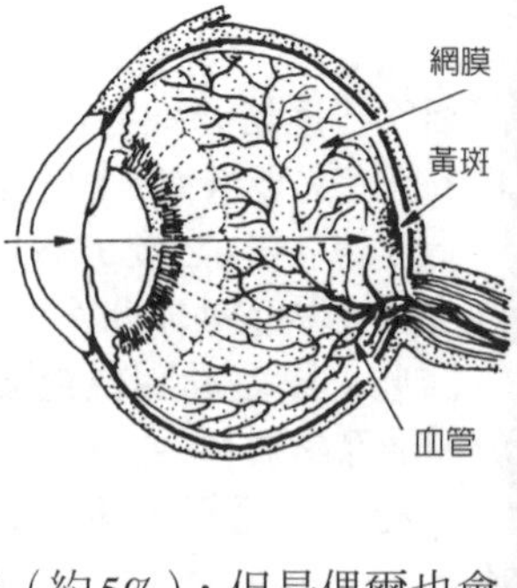

色盲檢查表的原理

○綠色　●紅色

網膜

黃斑

血管

重點知識

眼 睛

何謂夜盲？

網膜除了有對光色產生反應的細胞外，還有多達10多倍對光明暗產生反應的細胞。

當對光明暗產生反應的細胞出現障礙時，就會得夜盲症。

★夜盲的症狀

晚上突然關掉燈，就會覺得一片漆黑，什麼都看不見。

停電時什麼都看不見

雖然不太清楚，但是可以模糊的見到。

但是習慣黑暗，過了5～10分鐘後，視網膜中心部的視覺變得敏感，因此在視線方向狹隘的視野能夠見到模糊的影像。過了30～60分鐘後，全網膜的視覺敏感，就可以見到全部的視野了。

這個現象稱為「暗順應」，但是夜盲者此暗順應不佳。

不只如此，到了黃昏時，就會覺得視覺顯著減退，好像全盲似的。

★夜盲的原因

有的是先天網膜異常，容易出現在近血親的後代身上。後天性包括缺乏維他命A，或是眼球因為飛入的鐵粉生鏽所致。

重點知識

眼 睛

何謂視野？

★視野與視野測定的構造

凝視一點時，同時看見上下左右空間的範圍即稱為視野。

就好像在半球狀的夜空見到的星星，全都收藏在平面的星座圖中似的。用右圖的紙分別記錄左右眼的視野。

測定視野的原理圖

★視野圖的用途

用右邊的視野圖調查一隻眼睛時，可以發現看到的範圍內方、上方狹窄，而下方寬廣。

這個視野如果欠缺部分不規則形狀、規則形狀或是整體狹隘時，就可以診斷出某種特定的疾病。

左眼的視野　右眼的視野

重點知識

活動眼睛的肌肉

眼　睛

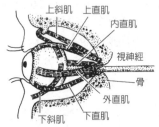

上斜肌　上直肌
內直肌
視神經
骨
外直肌
下斜肌　下直肌

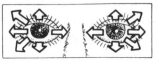

★活動眼睛肌肉的作用

請看左圖…4種直肌，各自具有將眼球朝向上下、內外的作用。而2種斜肌則可以讓眼球朝外側斜上方、斜下方的作用。

並沒有朝向內側斜上方或斜下方的肌肉，但是看這個方向的工作，由相反側的眼睛來負責。

【參考】 活動眼球的肌肉和與晶狀體焦點對合的肌肉，都是由骨骼肌此種敏捷的肌肉構成，所以能夠迅速完成工作。

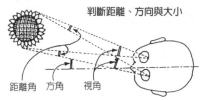

判斷距離、方向與大小

距離角　方角　視角

★判斷所見的物體距離、方向與大小

眼睛左右各一，因此按照所看物體的距離角、方位、視角（高角）來判定距離、方向、大小（高度）。

重點知識

眼睛的附屬器官

眼　睛

12
感覺系統(1)眼睛

▶淚腺…能夠分泌爲眼睛消毒的淚液。

▶瞼板腺（邁博姆氏腺開口）…分泌眼瞼與角膜間的潤滑油脂。

這個油脂具有防止眼淚溢出眼眶的瞼板腺外的作用。

▶結膜…眼瞼內側的薄透明黏膜組織，分泌的黏液能夠滋潤眼瞼內側。

結膜的深處成袋狀，與眼球角膜上皮層相連。

將眼瞼翻過來，透過結膜可以見到內部的細小血管。

▶強膜…在前方與透明的角膜相連，具有保護眼球的作用，是非常強韌的膜。

▶脈絡膜…遍佈供給網膜、虹膜與睫狀體營養及氧的血管，以及活動虹膜與睫狀體神經的薄膜。

▶網膜…對光產生反應的神經，緊密排列在網膜上，與脈絡膜輕微相連。

淚腺
瞼板腺
結膜
角膜
強膜　脈絡膜　網膜

總合知識

耳

耳的概要

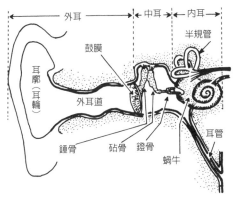

★耳的作用

耳有兩種重要的作用，其中一種是聽聲音，另一種是保持身體平衡。

★耳的構造

耳是由外耳、中耳、內耳三部分構成的。

外耳涵蓋耳廓（耳輪）與外耳道，從外到達耳孔深處鼓膜的部分。

中耳是指鼓膜深處空洞的房間。

這裡有錘骨、砧骨、鐙骨三種聽小骨。

內耳則在中耳更深處的部分，包括埋於頭骨中的耳蝸、半規管等骨的總稱。

耳蝸可以將音的震動轉換爲神經信號，而半規管則負責保持身體的平衡。

重點知識

耳

外耳的構造

外耳是耳廓與外耳道的總稱，就好像電話的送信機般。

★耳廓的構造與作用

耳廓的形狀，就好像喇叭前端般擴展，所以可以收集音波，將其反射到外耳道。

聽到些許的聲音時，我們常把手掌擺在耳廓上幫助傾聽，具有輔助耳廓的作用。

★外耳道的構造與作用

外耳道可以將音傳到鼓膜，長度成人約3.5cm。

爲了傳達美妙的音，因此具有樂器共鳴洞的作用。

此外，這個洞彎曲成緩和的乙型，可避免被手指或是其他東西戳傷而使鼓膜破裂，算是一種安全裝置吧！

【參考】如下圖所示拉耳廓，移動耳的軟骨部，將外耳道拉直時就可以見到鼓膜。

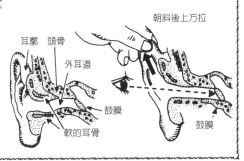

耳

鼓膜的構造

鼓膜

錘骨

★鼓膜的構造

鼓膜在耳孔 3.5cm 深處，爲珍珠色的薄膜，是外耳與中耳的交界。

★鼓膜的作用

如同轉動的唱盤上方的針，會微微震動，鼓膜也會配合空氣震動傳來的音波微幅震動。

換言之，當聲音大時，震動的幅度也會增大，高音時則小幅度震動。

鼓膜將此震動傳到中耳的三小聽骨內。

★鼓膜破裂時

鼓膜如果被火柴棒、挖耳杓戳傷，或是被打耳光、遇到大風暴時，就會因爲風壓而破裂。

如果是小傷口的話會自然痊癒，也能恢復聽力。但是傷口太大時，不但無法完全痊癒，甚至會出現重聽的問題。

鼓膜的表面層雖然能自然再生，但是膜的本體卻不會再生。

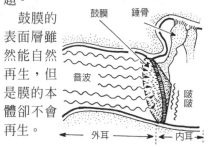

鼓膜　錘骨

音波

破破

外耳　　內耳

耳

中耳的構造

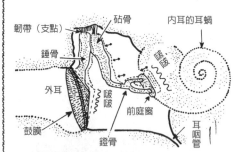

韌帶（支點）

砧骨

內耳的耳蝸

錘骨

破破

外耳

破破

前庭窗

鼓膜

鐙骨

耳咽管

★中耳的構造

中耳在鼓膜深處的房間中，在其深處則有扁平的耳咽管與斜下方的喉嚨上部相連。

房間中有互相相連的三小聽骨，因爲形狀與三種東西類似，所以各自稱爲錘骨、砧骨、鐙骨。

★中耳的作用

錘骨的一端與鼓膜緊密結合，與鼓膜一起震動。

另一端則以倒 V 字型與砧骨接合，用韌帶固定在頭骨上，具有如槓桿支點的作用。

骨的前端與鐙骨接合，而其前端則與內耳前庭窗的小膜緊密接合。

基於槓桿原理，鼓膜廣泛的震動也會傳到前庭窗的狹隘膜上。這時依面積比例的程度音會增減，因此具有音增幅的作用。

【注意】　實際上，鼓膜的震動是100億分之1mm，並沒有圖上這樣誇張。

重點知識

耳

耳朵會塞住的理由

★耳咽管的構造

耳咽管和中耳的房間，與斜下方喉嚨壁相連，長約3.5cm。

★耳咽管的功能

❶淨化中耳 耳咽管具有分泌黏液的纖毛組織，會不斷往下移動。

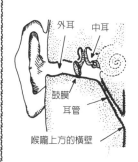

此稱為纖毛運動。利用這個作用，可以去除脫落的表皮殘渣等，保持中耳的清潔。

❷調節氣壓 如果乘坐升降梯突然升到高處時，耳朵會塞住。

這是因為耳咽管中的黏液略微阻塞，內耳的氣壓不變，而外耳側的氣壓改變，鼓膜往氣壓較低的方向擠壓時所致。

這時作吞口水的動作或捏鼻子、停止呼吸等，就能夠去除耳管內的空氣，使耳朵通暢。

❸音震動的逃脫路線 耳咽管（排氣孔）會吸收耳蝸的正圓窗傳來的音的震動。

如果沒有耳咽管的話，則中耳就會像大鼓般引起共鳴，殘留耳鳴的現象。

重點知識

耳

分辨聲音

據說人耳1秒中可以聽到16次（16cycle）的低音到2萬次（2萬cycle）的高音。

分辨音的耳蝸內部，具有非常精密

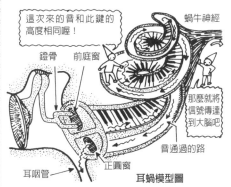

耳蝸模型圖

的構造。以排列無數鍵盤的鋼琴為例，大概就可以了解了！

當鼓膜震動傳達過來時，鐙骨使前庭窗的膜不斷震動，而此震動波會進入耳蝸中。

當音的高度與某個鍵達到相同高度時，排列在此鍵旁的特殊細胞，就會將此音轉換為特殊的電氣信號，通過耳蝸送達大腦。

因此耳蝸能夠分辨音的大小及音色。

【參考】正圓窗是可以使進入耳蝸中傳回的音通過的孔。

~ 重點知識

耳

不斷旋轉時會頭昏眼花的理由

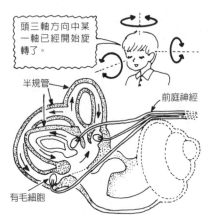

頭三軸方向中某一軸已經開始旋轉了。

半規管

前庭神經

有毛細胞

★半規管的作用

半規管可以感應到旋轉的加速度，並將其傳達到腦。換言之，可以調查頭是否在旋轉。

★半規管的構造

半規管由與頭的正面、上下、左右方向互成直角相交的三個半圓管所構成，裡面充滿淋巴液。

頭開始旋轉時，液體會比較遲一些才轉動。中途毛細

有毛細胞　開始朝右旋轉

胞的毛飄動的刺激，會成為神經信號。

突然停止轉動時會頭昏眼花，就是因為慣性使得耳內的液體不斷持續旋轉的緣故。

【參考】雖然保持安靜，卻有旋轉感的頭暈，可能是半規管或是下圖的器官受到異常刺激造成的。

~ 重點知識

耳

身體傾斜時能夠平衡的構造

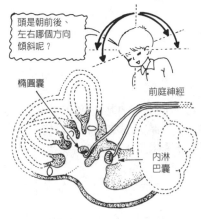

頭是朝前後、左右哪個方向傾斜呢？

橢圓囊

前庭神經

內淋巴囊

★橢圓囊與內淋巴囊的構造

這兩種耳石器的構造如工匠的平準器般，橢圓囊在垂直位置，內淋巴囊在水平位置。

兩個耳石器能夠察覺地心引力作用，調查身體傾斜的狀況（構造請參照欄外）。

★取得身體平衡的構造

兩個耳石器的組合，可以了解身體傾斜的方向，保持身體平衡。

此外，藉此原理，在加

囉！好，開車

速的直線運動中，像搭乘電車時，突然遇到緊急煞車或加速的狀況下也能保持平衡。

【參考】耳石器在稱為平衡斑的有毛細胞（見上段圖示）的上方，鋪著稱為平衡沙的細顆粒。當頭傾斜時，這個平衡沙會被地心引力吸引而移動，刺激有毛細胞的毛，變成神經信號傳達到腦。

重點知識

耳

暈船（暈車）的理由

①俯仰   ②滾動   ③搖擺

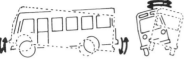 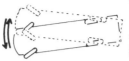

坐船或是坐車時，會產生如圖所示的三種強制搖晃。

這種強制的搖晃，會對於內耳的半規管或是橢圓囊、內淋巴囊（參照前頁上下段）產生作用，引起頭暈的現象。以自律神經爲主，會暫時出現疾病。

有時光是視覺、臭氣或是聯想等，都可能會引起暈車、暈船的現象。

★防止暈船的方法

相對的，如果坐在搖晃較少且靠中央的交通工具時，藉著暗示或訓練等都有效。如果仍然無效時，也可以使用暈車藥。

重點知識

耳

能夠分辨肉眼看不見的音的方向、距離的理由

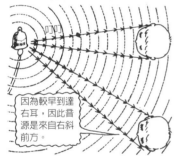

因為較早到達右耳，因此音源是來自右斜前方。

音以1秒中340公尺的距離，在空氣中朝四面八方擴散。

當人聽到音時，對於音的大小與傳到左右耳的些許時間差，可以瞬間用腦計算來判斷與音源的距離與方向。

此外，身體接受到的音也會被引導到骨，稍微才達到內耳。因此這些複雜的情報也成爲腦判斷音源方向的材料。

重點知識

耳

清掃耳垢時必須注意的事項

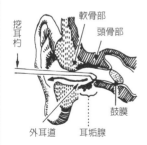

挖耳杓

軟骨部
頭骨部
鼓膜
外耳道　耳垢腺

外耳道成人長約3.5cm，成輕微的乙狀彎曲，裡面有會分泌少許黏液的耳垢腺。這個黏液會吸附耳孔的灰塵，將其運送到孔外，也就是所謂的「耳垢」，是黏液、灰塵等變乾、變硬的物質。

在孔深處較高處的前端（頭骨部）並沒有分布耳垢腺，因此不需要清掃耳垢到這麼深的程度。

【注意】鼓膜附近的清掃應該由醫師來進行。

重點知識

鼻子的構造

鼻

鼻子深處的空洞部稱為鼻腔。鼻腔藉著鼻背，分為上、中、下三個鼻道。而以中央壁分為左右，所以共有六個鼻道。

由鼻子吸入的空氣，藉著流動的威力衝到鼻腔的頂部，因此大部分都通過上鼻道朝肺前進。

上鼻道有嗅部，因此能夠分辨吸入的氣味。

★**由肺吐出的空氣**，在喉嚨的出口進入蝶竇的底部，轉換方向，因此大部分會通過中鼻道，與下鼻道排出體外。

所以自己不會聞到吐氣的氣味。

【參考】鼻腔的作用

鼻腔能夠去除吸入空氣中的灰塵與細菌等，將空氣加溫，補充濕氣。

【鼻腔的剖面圖】

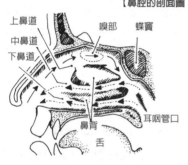

上鼻道　嗅部　蝶竇
中鼻道
下鼻道
　　　　　　　　耳咽管口
　　　　鼻背
　　　　舌

重點知識

舌的功能

舌

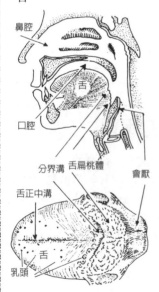

鼻腔
　舌
口腔
分界溝　舌扁桃體　會厭
舌正中溝
　　舌
乳頭

★**舌的構造**

舌的長度成人約7～9cm，特別長的人大約10cm，是由橫紋肌所構成的。

從表面可以見到的部分，有許多的乳頭，由掌管味覺的味蕾組織散布在舌上（詳情請參照次頁）。

從外面看不到的深處地方有界溝，更深處則有防禦組織舌扁桃體。

最深處的會厭在吞嚥東西時，具有蓋住氣管的作用。

★**舌的作用**

❶撈起食物❷感覺味道❸將食物與唾液混合❹往內推送到達咽喉❺清掃口腔❻變化各種形狀幫助發聲。

13 感覺系統(2)耳‧鼻‧舌

重點知識

舌 各種味覺是由舌頭的哪一部位分辨？

味覺的部位

甜味

鹹味

酸味

苦味

★何謂味覺？

食物具有各種味道，而能感知其味道的感覺就稱爲「味覺」。

人的味覺包括「甜」、「鹹」、「酸」、「苦」等四種基本味覺，而複雜的味道則是其混合體。

★感知味覺的部位

❶甜味的根源爲糖分，感知的部位爲舌尖。

❷鹹味的根源是食鹽，感知的部位爲兩側與舌尖。

❸酸味的根源是酸，感知的部位爲舌的兩側。

❹苦味的根源是生物鹼，感知的部位爲舌根。吃藥時，用水一口氣吞下就不會感覺到苦了。

用舌尖品嘗甜味會覺得很甜

把苦藥放在舌上，用水一飲而盡，就不會覺得苦了！！

重點知識

舌 長大成人之後，食慾減退的原因

乳頭放大圖　　乳頭放大圖

味覺神經

支持細胞　味細胞

味蕾

★乳頭與味蕾的構造

用放大鏡觀察粗糙的舌頭表面時，可以觀察到菌類或葉子（因甜味等味覺的不同而有不同）形狀的組織排列在一起。

由於看起來也像乳頭，因此稱爲乳頭。而味蕾則是感知味覺的器官排列

而成的。

★感知味覺的構造

食物中所含的味道成分，當水接觸味蕾時，可使形狀如毛的味細胞受到刺激。

這個刺激變成電氣信號，通過系統送到大腦就形成味覺。

★味覺與食慾的關係

孩提時代有很多味蕾，因此味覺發達，各種食物都非常美味，因此食量較大，不斷成長。

但年紀一大，味蕾數目減少，因此味覺遲鈍，食物自然也吃不多了。

總合知識

皮 膚

皮膚的概要

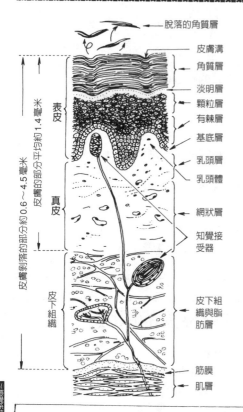

脫落的角質層

皮膚溝
角質層
淡明層
顆粒層
有棘層
基底層

乳頭層
乳頭體

網狀層

知覺接受器

皮下組織與脂肪層

筋膜
肌層

表皮

真皮

皮下組織

皮膚剝落的部分約0.6～4.5毫米

皮膚的部分平均約1.4毫米

★皮膚的構造

左圖是將皮膚組織剖面放大的模型圖。

皮膚大致區分為外側的表皮與內側的**真皮**兩層,而在其下方有**皮下組織**。

肌肉層則是在皮下組織的下側。

【參照】關於皮膚的詳情請參照次頁以後的敘述。

★皮膚的功能

覆蓋身體表面的皮膚,具有保護內部纖細組織(細胞)的作用。

換言之,具備彈性,因此能夠抵擋來自外部的衝擊。而且富於耐水性,所以即使被水打濕也不會破裂。

此外,可以防止有害的細菌與病毒的侵入,保護身體免於寒暑、太陽光線的威脅,具有各種功能(參照下段文字說明)。

皮 膚

失去 1/3 皮膚不能存活的理由

成人皮膚重約3.6～4.5公斤,面積約6.7平方公尺。

6.7平方公尺類似8個榻榻米般大的房間。擁有這麼寬大面積的皮膚,除了上段「皮膚的功能」所敘述的事項之外,還有很多重要的作用。

比如說具有排汗、分泌滋潤皮膚的脂肪、調節體溫、掌管知覺,以及將糖原、脂肪等熱量源儲存於皮下的作用等(詳細的功能請參照後述)。

皮膚具有保持生命不可或缺的重要作用,所以如果因為燒燙傷等失去1/3以上時,人類就無法存活。

【參考知識】皮膚呼吸　皮膚也進行約占肺部0.6%的呼吸。換言之,接近體表毛細血管中的二氧化碳,可穿過細胞縫隙間排出體外,而氧也可以由外界進入。

重點知識

皮 膚

表皮的構造

基底層的細胞，是誕生表皮細胞的母親喔！

母親陸續生下很多有刺的孩子

平均2週內就會長出像草莓般的臉喔！

手掌或腳底細胞死去後就會變成透明層喔！

然後變成硬而薄的板狀堆積下來。

平均生存4週，然後從上層脱落。

基底層

有棘層

顆粒層

淡明層

角質層

　　表皮如上圖所示，在基底層不斷的製造出新細胞，邊成長邊往上推擠。

　　最後細胞死亡成爲角質，平均要花4週的時間到達表面而剝落。

　　這個角質，就是在洗澡時去除的**身體污垢**，在表皮進行激烈的**新陳代謝**。

重點知識

皮 膚

真皮的構造

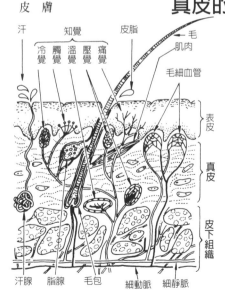

汗

知覺

皮脂

冷覺 觸覺 溫覺 壓覺 痛覺

毛

肌肉

毛細血管

表皮

真皮

皮下組織

汗腺　脂腺　毛包　細動脈　細靜脈

　　表皮內側的「真皮」比表皮厚很多，在此發揮皮膚功能的器官緊密排列著。

　　❶**汗的器官**　由汗腺排泄汗，負責調節體溫等任務。

　　❷**知覺的器官**　能夠感受來自外界刺激的器官稱爲接收器。這裡有冷覺、溫覺、觸覺、壓覺、痛覺接收器。

　　❸**毛與皮脂**　毛主要負責保護皮膚，皮脂腺則通過毛細孔分泌皮脂，防止表皮乾燥。

　　❹**毛細血管**　供給細胞營養和氧，發散體熱。

重點知識

皮膚

汗孔

皮膚溝

汗孔

汗腺管

汗腺(體)

汗的真相

★汗的成分

汗中有99%是水，剩下則是食鹽以及溶解於水中的蛋白質成分與乳酸物質等。乳酸是積存在疲勞肌肉中的物質，有些帶有酸味。

汗臭並不是汗本身的氣味，而是因爲汗中的蛋白質或乳酸成分經過發酵，而產生臭味的物質。

★汗排出處

一般從皮膚表面排出的汗，是由眞皮的汗腺（又稱**小汗腺**）分泌，通過細的汗腺管，由汗孔排泄。

這種汗腺1cm平方大約有100～250個，整個身體大約有190～200萬個。

但是在陰部卻沒有此種汗腺（小汗腺）。

【參考】大汗腺分泌的汗　陰部和腋下是由大汗腺分泌汗，由毛細孔排出，因此含有固體成分，帶有特殊氣味（參照次頁下段）。

【注】小汗腺稱爲外分泌腺，大汗腺稱爲頂泌腺。

重點知識

皮膚

汗的作用

★何時會流汗

❶**溫熱性的發汗**　身體周遭的環境變熱時，在大腦下方的丘腦下部下達命令，讓汗腺分泌汗。

這時會從左圖上方所示的位置發汗。

❷**精神性的發汗**　非常緊張時，大腦皮質下達命令，則在左圖下方所示的位置會出汗。

★汗的作用

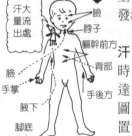

【溫熱性的發汗】

汗大量流出處

臉
脖子
軀幹前方
背部
臉
手掌
手後方
腋下
腳底

【精神性的發汗】

使皮膚潮濕的汗，每蒸發1公克時會奪走539卡的體熱。

換言之，汗腺就像人體精巧的冷卻器般。

人體藉著發汗作用，能夠抑制體溫上升。

【參考】汗量　盛夏時節整天做激烈運動，可能會發汗2～3公升，所以不要忘記補充水分。

風吹過來突然變涼了

那是因為皮膚表面的汗隨風蒸發了

14 感覺系統(3)皮膚

重點知識

皮膚 「容易流汗」的人是否身體異常呢？

肥胖的人在高溫下，容易發生全身性「冒汗」。

經常「容易流汗」的人，可能是突眼性甲狀腺腫病。

在激烈運動中的「流汗」，當然是一種生理現象。

而部分的「冒汗」，則是如前頁下段所敘述的精神性發汗。

不論是神經質或是健康的人，在非常緊張時，臉、手掌、腋下、腳底等因為會發冷，所以要藉著汗濕潤。

自律神經失調的人，有時只會在上記部分的單側發汗。

重點知識

皮膚 足（襪子）會臭的理由

★足大量流汗的理由

足會流汗的理由有兩種，一種就是全身性發汗，這時足流汗的量並不多。

問題就是第二種精神性的發汗。這時足底大量出汗，接觸時覺得非常冰冷，甚至嚴重時表面的角質層會變白、變軟、變質。

★足發臭的理由

棲息在足中的細菌，會吃掉這種汗中的蛋白質或乳酸，分解為其他的物質排泄。

其中含有某種會發出難聞氣味的物質。

嘻嘻嘻，汗裡面有好多好吃的東西喔！

細菌

重點知識

皮膚 腋下或陰部等氣味較強的理由

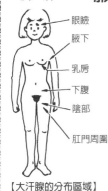

眼瞼
腋下
乳房
下腹
陰部
肛門周圍

【大汗腺的分布區域】

左圖各部有附屬毛包的脂腺，兼具汗腺的作用而分泌汗（大汗腺），從毛細孔排泄（參照前頁上段）。

這個汗到青春期時，除了一般汗的成分外，還會參與構成汗腺的細胞，因此氣味特別強烈。

……會釋放出強烈惡臭的部位是腋下。因為腋下汗中所含的脂肪酸物質，被棲息此處的細菌分解，而排泄出惡臭成分所致。

進入青春期後，因為精神的感動較大，所以會出現狐臭，耳垢較軟的人惡臭更強烈。

重點知識

皮膚　寒冷時會「起雞皮疙瘩」的理由

在皮膚表面，汗會蒸發奪走體熱，使溫熱的空氣從毛細孔逃出，防止體溫上升。

如果在感到寒冷或恐懼時，受到自律神經的刺激，立毛肌會收縮，皮膚緊繃。

這時毛就會倒立，出現所謂的雞皮疙瘩。毛細孔和汗腺孔都阻塞（表面的毛細血管收縮，血液循環減少）…阻止放散體熱，防止體溫下降。

換言之，皮膚是非常精巧的冷卻裝置與溫度自動調節裝置。

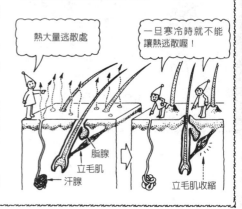

熱大量逃散處

一旦寒冷時就不能讓熱逃散喔！

脂腺
立毛肌
汗腺
立毛肌收縮

重點知識

皮膚　皮膚或毛髮顏色不同的理由

★黑色素的作用

皮膚有製造黑褐色色素，也就是黑色素的細胞。

黑色素會吸收太陽光線中的紫外線，具有保護皮膚的重要作用。

表皮

皮膚的色素細胞

毛的色素細胞

換言之，會接受強烈的太陽光線的刺激，大量製造黑色素。

這時皮膚黑褐色增加，看似曬傷般。

★皮膚、毛髮、瞳孔顏色的不同

黑色素會存在人體的皮膚（表皮）、毛、瞳孔（虹膜）。

所以依黑色素的多寡，將皮膚分為黑色、黃色、白色。毛髮則分為黑髮、金髮、紅髮、栗色髮。瞳孔則分為黑色或栗色等等。

此外，藍色的瞳孔也是由黑色素造成的（嬰兒臀部藍色的蒙古斑亦同）。

斑點、雀斑、痣

色素細胞聚集在某些部分時，就會形成斑點或雀斑。

痣則是先天色素細胞的集合體，帶有顏色時可能會惡性化，所以要小心。

重點知識

皮膚

形成粉刺的原因

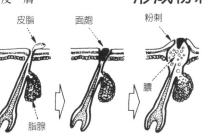

青春期時，由於性荷爾蒙的刺激，臉、胸、背的脂腺會增加皮脂分泌量，開始創造美麗體型的作用。

皮脂在毛細孔的出口，和表皮的污垢等一起變黑變硬而形成面皰。

出口被堵住的皮脂只好朝表皮中推擠。

最後表皮組織被破壞，感染細菌形成膿，這就是粉刺（痤瘡）。

粉刺不僅疼痛、難看，化膿後更會留下大洞。

預防法就是用熱水蒸臉後，再用洗面皂、溫水清洗乾淨，避免形成面皰。

重點知識

皮膚 「皺紋」會隨著年齡增長出現的理由

皮膚（外層的表皮與內層的真皮）經常藉著新陳代謝更新。

尤其年輕人的真皮，是由脂肪質富於彈性的組織所構成的。

但是隨著年齡增長，皮脂的分泌量逐漸減少，皮膚變得乾燥。皮下組織的脂肪層衰退，整個皮膚變薄，真皮失去彈性。

失去復原力的皮膚，於是在與伸縮方向成直角的方向形成深淺皺紋。

重點知識

皮膚 手掌、腳底皮膚與指紋

★特別厚的皮膚

手掌和腳底的皮膚要承受強大壓力，為了避免摩擦破裂，比其他的部分更厚且強韌。

★指紋

手掌和腳底的皮膚，在胎兒時期就已經有細的指紋。

指紋有如圖所示的3種基本形，但是細部的紋樣卻因人而異，可以用來進行犯罪搜查。

渦形紋　　弓形紋　　環形紋

┌─────────────────────
重點知識

皮　膚

毛的構造

★毛的構造

如果將毛外側的毛小皮，放大來看的話成鱗片狀。而其內側的毛皮質，是由含有黑色素的細胞所構成。中心的毛髓質，則由中空的細胞所構成。

毛根的毛球部，具有製造黑色素的細胞。

★毛的附屬器官

脂腺分泌脂狀的液體，滋潤皮膚或毛，防止乾燥，避免被水打濕。

立毛肌在周遭寒冷時會收縮，毛豎立起來，堵住毛細孔的出口，防止放散體熱。

★毛的作用

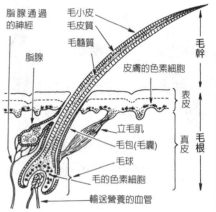

毛能夠保護身體，具有保溫作用。而毛根周圍聚集很多觸覺神經，因此比皮膚的觸覺更爲敏感。

┌─────────────────────
重點知識

皮　膚

隨著年齡增長而生長的毛

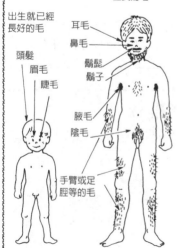

★幼兒期、少年少女期的毛

在母親肚內的胎兒，全身覆蓋柔軟的胎毛。到後半期時，會生長頭髮、眉毛、睫毛等硬毛，持續到幼年期、少年期。

★青春期的毛

迎向青春期時，開始生長陰毛、腋毛、鼻毛、耳毛等。尤其男性會長鬍髭、鬍子等，足脛和手臂也會長硬毛。

發毛的關鍵就在於性荷爾蒙。

★壯年期、老年期的白髮

白髮是毛根色素細胞作用減弱，使得毛皮質喪失色素，或是很多空氣中的小泡滲入毛中所引起的現象。

重點知識

毛的壽命與「掉毛」的構造

皮　膚

★毛的壽命

毛每天都成長一點點，到一定的長度時就停止成長，毛根細胞死亡而掉落。

毛在不同的生長場所，會有既定的壽命。

壽命最長的是頭髮，10天內會長長 3~4 毫米，持續生長 3~4 年，所以會越來越長。

壽命較短的是眉毛，大約 3~4 個月就會更新，長度也較短。

★換毛的構造

請看下圖…毛根下端是稱爲毛母基的組織，在此毛細胞繼續分裂，持續增殖使毛成長。

毛停止成長時，毛根基部的老舊細胞死亡脫落，毛母基再次開始增殖長出新毛，與掉落的毛交替。

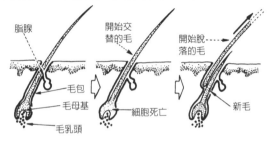

重點知識

「禿頭」的種類

皮　膚

髮部分稀疏或是消失就稱爲禿頭，具有以下三種種類。

★男性型的禿頭（男性型禿毛症）

有從額頭正面開始脫毛型、從兩側脫毛型、從頭頂脫毛型3種。有遺傳因素的人，會受到男性荷爾蒙影響而禿頭。

★從皮屑開始的禿頭

皮屑很多、很癢後逐漸禿頭型，原因和男性型的禿頭相同。

★圓形脫毛症

突然出現如硬幣般大的禿頭。

在 1~3 個月內，禿頭的中心部開始長毛髮，大多會自然痊癒，但是也有花 2~3 年才痊癒的例子。

原因有荷爾蒙或精神壓力等說法。

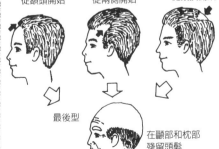

重點知識

皮膚

皮膚的感覺

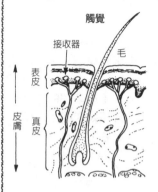

觸覺

接收器
毛
表皮
皮膚
真皮

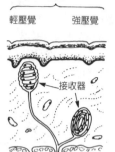

壓覺
輕壓覺　強壓覺
接收器

痛覺
接收器

溫度覺
冷覺　溫覺
接收器

★皮膚的感覺

皮膚有觸覺、壓覺、痛覺、冷覺、溫覺五種感覺。而這些能夠感到外界刺激的器官，就稱爲接收器。

（此外還有癢、性感等感覺，但是都可以視爲上記感覺的變形。）

❶**觸覺** 皮膚接受物體時的感覺。

觸覺接收器大量聚集在毛根周圍，所以毛的觸覺比皮膚敏感。

❷**壓覺** 能夠感受加諸皮膚的壓力變化，分爲對輕壓與強壓感覺的兩種接收器。

測量手掌上東西的重量，則是由皮膚的陷凹程度（歪斜）來感覺。

會對輕壓產生反應的接收器，能夠感受接受物體的表面凹凸狀態等，具有類似觸覺的作用。

❸**痛覺** 用針刺皮膚或是捏皮膚時的感覺。

當這個刺激太強時，會反射性的（無意識中）推開加害物，或是做出逃避的反應。

❹**冷覺** 皮膚接觸到冰冷物體（或是空氣）奪走熱時，能夠感受到皮膚溫度下降的感覺。

❺**溫覺** 相反的，接受到熱的物體（或是空氣），吸收熱，能夠感受到溫度上升的感覺。

進入熱水中感覺會疼痛的理由

水溫在16~40℃的範圍內，冷覺和溫覺會發揮作用，感受冷或熱。而皮膚大約在3秒中內就能習慣此種水溫。

但是如果水溫低於15℃或是高於41℃時，痛覺的接收器就會感到「疼痛」。

溫度差越大，疼痛越大，這時就會發揮反射性的防衛反應。

好痛呀

14
感覺系統(3)皮膚

重點知識

皮 膚

繭和雞眼的真相

★繭的真相

技工用力握著同樣的工具，持續工作多年時，在握工具的部位就會長繭。

這是爲了保護皮膚。皮膚內的蛋白質變成硬組織角蛋白，組織增厚的緣故。

人體具有非常優秀的能力，所以會進行建立這些防衛組織的工作。

★指甲的真相

指甲或毛也和繭一樣，以硬蛋白質的角蛋白爲主要成分。

因此原本保護指尖的繭，在進化歷史當中變成了指甲。

指甲的成分，是由甲根內的甲床組織製造，1天會長0.1毫米左右。

圖中的「半月甲」就是指白的部分。內層連接甲床，是甲尚未完全角質化的部分。

【參考】啃指甲的習慣，據說在隱藏攻擊性的人較常見。爲了壓抑攻擊性，所以無意識中會啃指甲。

指甲有深縱溝的人，疑似神經性營養障礙。

半月 甲　　　腱 甲床 甲根 甲

重點知識

皮 膚

皮下脂肪的優缺點

★皮下脂肪特別厚的地方

皮下脂肪附著於全身的皮膚下，最發達的部分是臀部，其次是腹部。

★皮下脂肪的優缺點

❶儲藏脂肪 優點＝皮下組織是儲藏脂肪的場所。

當肚子餓，體內缺乏葡萄糖系列的營養時，首先會從臀部，接著從腹部、臉頰，依序把該處的脂肪當成熱量源使用。

此外，皮下脂肪也會儲藏容易溶解於脂肪中的維他命A、D、E等。

缺點＝容易溶解於脂肪中的PCB等有害物質也會積存此處。

❷保溫 優點＝皮下脂肪具有隔熱劑的作用，能夠防止體熱逃散。

相反的，不能過度保溫的頭部或陰囊，則幾乎沒有皮下脂肪。

缺點＝夏天覺得太熱。

❸美容 優點＝女性帶有脂肪的身體較圓潤、美麗。

缺點＝脂肪層過厚影響血液循環，因此會對心臟造成過度負擔。

❹其他 優點＝附著於內臟的脂肪，具有緩衝的作用，防止相互之間的碰撞。

缺點＝脂肪附著過多時，容易互相壓迫，造成疾病（如心臟與肺）。皮下脂肪過厚時，手術時亦較困難。

內分泌腺

分泌荷爾蒙的腺體

★何謂荷爾蒙？

荷爾蒙是指人的成長與健康絕對需要的化學物質。

荷爾蒙並非來自體外，或是分泌到內臟中，而是一定會分泌到血液中的內分泌物。

★分泌荷爾蒙處

分泌荷爾蒙的內分泌器官，就稱為內分泌腺。

右圖所示的器官是主要的內分泌腺。

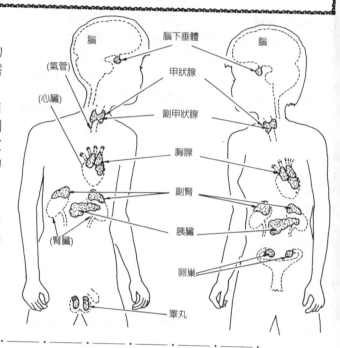

腦　腦下垂體　腦
（氣管）　甲狀腺
（心臟）　副甲狀腺
胸腺
副腎
胰臟
（腎臟）　卵巢
睪丸

❶腦下垂體（垂體）是在大腦下骨陷凹處，嚴密的受到保護。

腦下垂體產生的荷爾蒙，能夠將命令傳達到其他的內分泌腺，具有非常重要的作用。

❷甲狀腺則附著在氣管入口環繞喉頭的部分。

甲狀腺成蝶形，會分泌調節新陳代謝的荷爾蒙。

❸副甲狀腺在甲狀腺後側，好像埋入甲狀腺般。

會分泌調節血液中鈣、磷的量的荷爾蒙。

❹胸腺則吊在心臟上方，作用不詳。

❺副腎是附著在腎臟上方，左右各一，成三角形的器官。

會分泌調節血液中糖分與鹽分等的量的荷爾蒙。

❻胰臟會分泌消化液、胰液。

但是胰臟中的「胰島」內分泌腺，則會分泌調節血液中葡萄糖量的荷爾蒙。

❼睪丸與卵巢。男子與女子到青春期時，會分泌各自的荷爾蒙。

因此可以將少年、少女變成成人的體型。

內分泌腺

荷爾蒙的作用

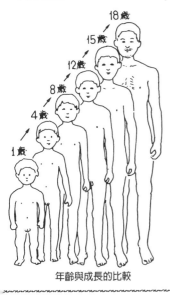

年齡與成長的比較

★新陳代謝的作用

我們身體的末端細胞，會接受來自血液中的營養和氧，進行分解或合成，產生新細胞，得到體溫或運動的能量。

但是新陳代謝作用只能維持生存，無法促進成長。

★荷爾蒙的作用

由各種內分泌腺分泌的荷爾蒙，有各自不同的化學成分，會對末端細胞進行化學作用或改變形狀。

細胞藉著荷爾蒙而正確發育，成長為成人或是具備男女特徵。

缺乏荷爾蒙時，孩子無法成長。荷爾蒙太多時，也無法健康的生活。

內分泌腺

荷爾蒙在體內分配的構造

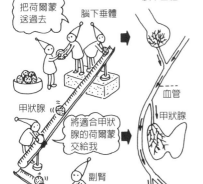

把荷爾蒙送過去　腦下垂體

甲狀腺

將適合甲狀腺的荷爾蒙交給我

副腎

將適合副腎的荷爾蒙交給我

腦下垂體

血管

甲狀腺

副腎

★荷爾蒙的成分

內分泌腺分泌的荷爾蒙，是以蛋白質等為主要成分。

（以建築物做比喻時，就是當成材料的木材、磚塊、石材等。）

★將荷爾蒙分配全身的構造

內分泌腺分泌荷爾蒙時，毛細血管內的血液中的特殊蛋白質就會和荷爾蒙結合，運送到全身。

身體末端的細胞，在荷爾蒙流經時，會吸收與自己有關的荷爾蒙。

（以建築物為例，木造建築只會利用木材組織，磚造建築只使用磚塊組織等等。）

重點知識

內分泌腺

荷爾蒙模型圖

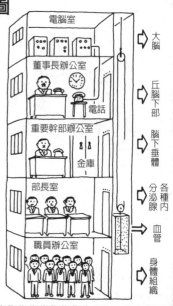

以公司為例說明荷爾蒙的構造。

人類的本能中心是**大腦**，就好像公司的電腦室一般。

荷爾蒙活動中心的「**丘腦下部**」，就好像是董事長的辦公室，用電話與電腦室密切聯絡。

「**腦下垂體**」則好像重要幹部的辦公室，控制其他的內分泌腺。

各種的「**內分泌腺**」則相當於部長室，控制與自己有關的身體組織。

職員辦公室則是各個**身體的組織**，藉著內分泌腺分泌的荷爾蒙活動。

與各個辦公室相連的升降梯，則是運送荷爾蒙的**血管**。

重點知識

內分泌腺

丘腦下部具有何種作用

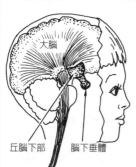

★丘腦下部所在位置

丘腦下部在大腦神經集合處，也就是大腦底的中央部，這裡是最適合接受來自大腦情報的位置。

★丘腦下部的作用

丘腦下部與大腦保持密切聯絡，調節身體的各種機能。

睡眠、清醒、食慾、口渴或是調節體溫等，都由此處掌管。

此外，這裡也具備了生理時鐘。孩子青春期時的身體，也會藉著此處傳出的信號轉變為成人的身體。

★丘腦下部發出信號的構造

丘腦下部送出特別的荷爾蒙，透過與腦下垂體連結的特別神經，將命令傳達給腦下垂體。

重點知識

內分泌腺

丘腦下部與腦下垂體的聯絡

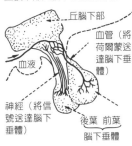

丘腦下部

血管（將荷爾蒙送達腦下垂體）

血液

神經（將信號送達腦下垂體）

後葉 前葉
腦下垂體

腦下垂體與內分泌腺的聯絡

丘腦下部

血管

後葉
(腦下垂體)

前葉

通往內分泌腺

腦下垂體的作用

★丘腦下部與腦下垂體的聯絡方式

腦下垂體分為前葉與後葉。

丘腦下部對前葉分泌特別的荷爾蒙，傳送流入血管的信號，對後葉則通過特別神經傳送信號(左上圖)。

★腦下垂體與內分泌腺等的聯絡方式

腦下垂體會將各種成分的荷爾蒙與血液結合，送入血管（左中圖）。

這個血液通過心臟，循環全身，到達各目的地的器官，由器官自行吸收有關的荷爾蒙。

★腦下垂體的功能

腦下垂體具有以下兩種功能：

❶命令其他的內分泌腺　腦下垂體接受來自丘腦下部的命令，朝向各個分泌腺送出不同成分的荷爾蒙。

吸收這個荷爾蒙的甲狀腺、副腎、睪丸、卵巢等內分泌腺，則對自己周圍的細胞送出特別的荷爾蒙，讓它們開始活動。

❷傳達命令到其他器官　腦下垂體也可以將荷爾蒙直接送達其他器官。

例如送入對腎臟產生作用的荷爾蒙，使其減少尿量。或是對子宮產生作用的荷爾蒙，使其肌肉收縮。

或是送入成長荷爾蒙（成長激素），使其對於全身細胞產生作用。

腦下垂體的主要作用

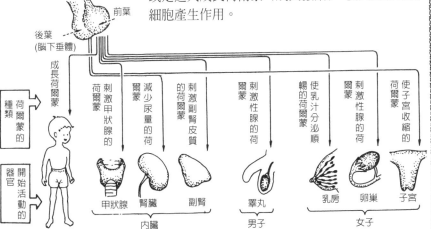

前葉

後葉
(腦下垂體)

成長荷爾蒙

荷爾蒙的種類

荷爾蒙開始活動的器官

成長荷爾蒙

刺激甲狀腺的荷爾蒙

減少尿量的荷爾蒙

刺激副腎皮質的荷爾蒙

刺激性腺的荷爾蒙

使乳汁分泌順暢的荷爾蒙

刺激性腺的荷爾蒙

使子宮收縮的荷爾蒙

甲狀腺　腎臟　副腎　睪丸　乳房　卵巢　子宮

內臟　　　　　男子　　　　女子

內分泌腺

甲狀腺荷爾蒙的作用

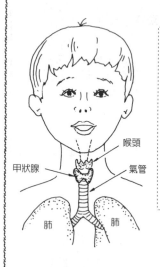

喉頭

甲狀腺　　氣管

肺　　　肺

甲狀腺的放大圖

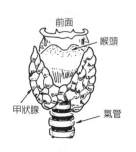

前面

喉頭

甲狀腺　　氣管

【參考】新陳代謝的構造

　　油燃燒時會吸收氧，放出二氧化碳與熱，這是眾所皆知的。

　　人體中的細胞也會出現類似的狀況。以血液中的糖分（葡萄糖）為燃料，與氧結合，釋出二氧化碳、熱與運動的能量。

　　這個作用稱為「新陳代謝」，釋出的熱的能量成為體溫的根源，而運動能量則成為活動的力量。

★製造甲狀腺
甲狀腺圍繞於氣管入口的喉頭處。

★甲狀腺的作用
甲狀腺具有以下兩種重要的作用。

❶**調節新陳代謝**　甲狀腺分泌負責調節新陳代謝的荷爾蒙，具有調節呼吸的氧量的重要作用。

當甲狀腺異常時，荷爾蒙會大量分泌，需要使用大量的氧，燃燒大量的葡萄糖，身體就會消瘦。

同時比別人更容易流汗，體重逐漸減輕。

有的人會情緒高漲，手腳發抖。需要大量的氧，所以呼吸急促，心跳加快，呼吸困難。

特別容易流汗的人

❷**促進成長的作用**　甲狀腺分泌的荷爾蒙，具有促進成長的強力物質，對腦的發育而言非常重要。

【參考】**海帶與甲狀腺荷爾蒙**　對身體而言，具有重要性的甲狀腺荷爾蒙，是由海帶中所含的「碘」製造的。所以不吃海帶的人，就容易出現缺乏甲狀腺荷爾蒙的疾病。

重點知識

內分泌腺

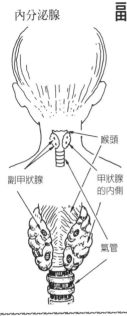

喉頭

副甲狀腺

甲狀腺
的內側

氣管

副甲狀腺荷爾蒙的作用

★副甲狀腺的製造

副甲狀腺如大豆般大，好像埋在甲狀腺的內側（後側）般附著於後方。

★副甲狀腺的作用

副甲狀腺分泌的荷爾蒙，能夠調節血液中的鈣與磷的量。

換言之，當血液中鈣含量減少時，副甲狀腺會分泌荷爾蒙，溶解骨的成分，使鈣溶於血液之中。

★副甲狀腺異常時

如果副甲狀腺製造過多的荷爾蒙，血液中的鈣就會過量。

結果尿中出現大量的鈣，太濃的鈣會形成結晶，容易在腎臟、膀胱、輸尿管等形成結石。

重點知識

內分泌腺

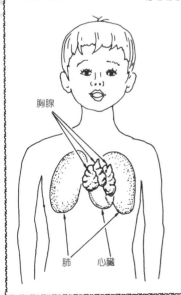

胸腺

肺　　心臟

胸腺荷爾蒙的作用

★胸腺的製造

胸腺是位於胸骨內側與心臟之間的內分泌腺。

在青春期前，胸腺發達緩慢，但是過了青春期後會逐漸縮小，老年後會縮小至一半以下。

★胸腺的作用

胸腺的作用不詳。

但是研究醫學的人認為，「胸腺會製造出防禦由體外入侵細菌的淋巴球同類，分泌成為成人的荷爾蒙等……」

所以胸腺到成人時就會停止成長。

重點知識

內分泌腺

胰臟荷爾蒙的作用

【參考】血液中的糖分與新陳代謝

血液中通常含有百分之0.1左右的糖分（葡萄糖）。

此種糖分，藉著新陳代謝作用產生變化。這時產生的熱量可以保持體溫，讓人展現旺盛的行動。

但是當此糖分在體內太多時，尿中也會出現糖分，形成所謂的糖尿病。

爲什麼會造成此種情況呢？

★胰臟分泌的荷爾蒙

胰臟會分泌胰液消化液（請參照消化系統篇）。除此之外，還會分泌兩種重要的荷爾蒙。

這個荷爾蒙是由在胰臟中變成小塊、如小島一般分散的內分泌腺所分泌（這個島的名字就稱爲胰島）。

這個胰島有兩種細胞，一種稱爲 α 細胞，另一種稱爲 β 細胞。

α 細胞會分泌增血糖素，β 則會分泌胰島素，兩者成爲一組，具有重要的作用。

★胰島素荷爾蒙的作用

β 細胞分泌的胰島素，能夠讓身體的細胞大量活用血液中的糖分，陸續製造出熱量。

而血液中的糖分量（數字表示的數值則稱爲血糖值）則會不斷的減少。

但是不用擔心。

★增血糖素荷爾蒙的作用

胰島素活躍，血糖值下降時，α 細胞分泌的增血糖素就會登場。

換言之，當血糖值下降時，會刺激增血糖素分泌。增血糖素會對肝臟發揮作用，讓肝臟製造糖分，使得血糖值上升。

……換言之，胰島素和增血糖素分泌平衡時，就能夠得到健康。

★糖尿病的原因

停止分泌胰島素時，由於糖分無法完全被活用，因此不管做任何事都缺乏元氣。

這就是糖尿病。因爲血液中的糖分沒有減少，所以血糖值上升。

得此疾病時會容易口渴，會喝大量的水，並且尿量增加。漸漸地尿中會出現糖分，稱爲糖尿病。

胰島素可以完全活用血液中的糖分，是恢復元氣的荷爾蒙喔！

胰島　　α 君　β 君

增血糖素則是補給糖分的荷爾蒙喔！

重點知識

內分泌腺

副腎荷爾蒙的作用

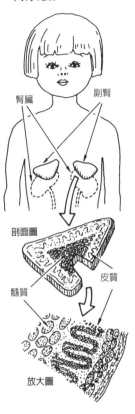

腎臟　副腎

剖面圖

髓質　皮質

放大圖

★**分泌副腎荷爾蒙的場所**

在左右腎臟上方三角形的內分泌腺，分為外側的「皮質」與內側的「髓質」。

★**副腎皮質分泌的類固醇荷爾蒙的作用**

副腎皮質荷爾蒙是人體維持生命的荷爾蒙，分為以下3種：

❶調節壓力的「醣類荷爾蒙」 （人因為外傷、疾病、不安等原因，出現各種精神、肉體形態的反應，就稱為壓力。）

當人承受壓力時，大腦會將此情報送達丘腦下部，再將信號送達腦下垂體。

這時腦下垂體就會分泌「副腎皮質刺激荷爾蒙」，而吸收這個荷爾蒙的副腎皮質就會分泌「醣類荷爾蒙」。

這個荷爾蒙會對肝臟發揮作用，讓肝臟儲存糖原，調節血液中的糖分量，提高身體的抵抗力。與腦下垂體副腎系統的其他荷爾蒙互助合作，去除壓力。

❷調節血液中的鹽分的「電解質荷爾蒙」

會分泌促進大量流汗的荷爾蒙，對腎臟產生作用，限制排到尿中的鹽分量，可以保持體內鹽分量。

人缺乏鹽分時會覺得噁心、肌肉痙攣、血壓降低、全身虛脫無力。

❸刺激性腺的「副腎性性腺荷爾蒙」 使睪丸或卵巢發達。

★**副腎髓質分泌的荷爾蒙的作用**

這個荷爾蒙稱為腎上腺素，在面臨突然的危險或是緊急事態時，身體會突然湧現氣力，具有非常重要的作用。

例如競技明星等，在心跳加快、臉發青、手冒汗時，就證明正在大量分泌此種荷爾蒙。

全身血液中，來自肝臟的大量葡萄糖與來自肺的大量氧不斷供給時，就能在瞬間變成大的能量（左圖）。

來自髓質荷爾蒙的信號到達囉!!

那可糟糕了！趕緊將元氣根源的葡萄糖迅速補充到血液中吧！

血管　肝臟

【**參考**】 還有其他分泌腎上腺素的細胞，因此即使副腎髓質遭到破壞，依然能夠保持健康。

重點知識

內分泌腺

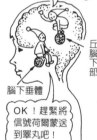

大腦

丘腦下部

腦下垂體

睪丸

已經到了可以成為成人體型的年紀了

丘腦下部

腦下垂體

OK！趕緊將信號荷爾蒙送到睪丸吧！

對身體各處送出成為成人的荷爾蒙喔！

睪丸

睪丸與男性荷爾蒙的作用

★青春期丘腦下部的作用

大腦中樞的丘腦下部有非常棒的萬年生理時鐘，與大腦保持聯絡。

到青春期時，丘腦下部的生理時鐘發揮作用，對腦下垂體送出「請刺激性腺」的荷爾蒙。

★青春期腦下垂體的作用

接到信號的腦下垂體，趕緊展開活動，會分泌黃體化生長激素與促卵泡激素這兩種荷爾蒙到血液中。

【參考】促性腺激素　這兩種荷爾蒙合稱為促性腺激素。

★青春期睪丸的作用

男性的性腺睪丸，在腹部下方的陰囊中，在少年期之前完全不發達。

但是到了青春期後，吸收到來自腦下垂體的兩種促性腺激素，能夠使少年的體型陸續產生以下變化。

❶黃體生成激素（促間質細胞激素）

受到此荷爾蒙刺激的睪丸，會將睪丸素荷爾蒙分泌到血液中，送達全身。

這時少年的臉、腋下、性器周圍、腳都會長毛，聲音變粗，出現所謂的變聲期。肌肉會粗大，性器（陰莖與陰囊）也會成長。

【參考】男性荷爾蒙　具有這類作用的睪丸素，別名男性荷爾蒙。

❷促卵泡激素（精子形成荷爾蒙）

接收到此荷爾蒙時，睪丸立刻開始成長，以便於製造精子。

睪丸是由精細管與副睪丸兩種器官所構成的。精細管製造出來的精子通過副睪時即表示成熟了，大約會在膀胱附近的精囊袋中儲藏3個月。

就這樣，少年的身體成熟為能夠繁衍子孫的構造（詳情請參照生殖器官篇）。

內分泌腺

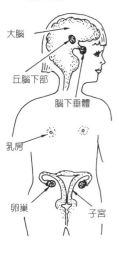

大腦

丘腦下部

腦下垂體

乳房

卵巢　　　子宮

這裡有指示青春期開始或是月經週期的生理時鐘喔！

丘腦下部

腦下垂體

接到來自丘腦下部的指示，這裡就會釋放荷爾蒙通知卵巢喔！

卵巢

子宮

這個卵巢會釋放女性荷爾蒙，使女人更美喔！

卵巢與性荷爾蒙的作用

★青春期丘腦下部與腦下垂體的作用

【注意】省略與左頁說明重複的內容

女子在 11～13 歲時，丘腦下部的生理時鐘開始發揮作用，會將信號荷爾蒙送達腦下垂體。

吸收到荷爾蒙的腦下垂體，會趕緊分泌促卵泡激素與黃體生成激素兩種性腺刺激荷爾蒙至血液中。

★青春期卵巢的作用

女子的性腺卵巢，在下腹部子宮兩側各有一個，在少女期之前並不發達。

但是吸收來自腦下垂體的兩種促性腺激素後，少女的身體就會產生以下的變化：

❶促卵泡激素

受到此荷爾蒙刺激的卵泡（培養卵巢中卵子的細胞），會將雌激素荷爾蒙分泌至血液中，送達全身。

而這時少女的臉、身體的曲線會產生變化，形成美麗的曲線（因為皮下脂肪會增厚）。而且會長陰毛，乳房和外陰部膨脹，子宮、陰道等發達變大。

【參考】**女性荷爾蒙** 具有這類作用的雌激素，別名女性荷爾蒙。

❷黃體生成激素

接受此荷爾蒙的卵巢，會開始迅速成長。而卵泡會使得卵子成熟。

因此少女的身體開始有懷孕的能力（詳情請參照生殖器官篇）。

★與女子月經有關的荷爾蒙

❶丘腦下部的作用

女子丘腦下部的生理時鐘，會掌管每個月月經週期的規律。

❷黃體素的作用

腦下垂體分泌大量的黃體素，引起排卵。如果不受精的話，準備好的床，亦即子宮內膜就會剝落，成為月經出血（詳情請參照生殖器官篇）。

主要外分泌腺的名稱

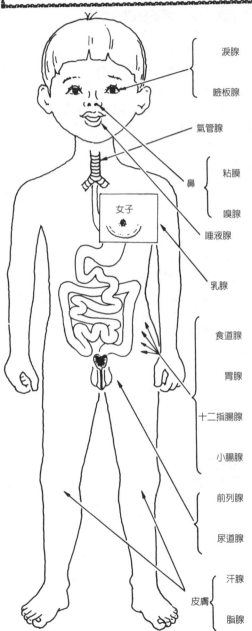

涙腺

瞼板腺

氣管腺

粘膜

鼻

嗅腺

唾液腺

乳腺

食道腺

胃腺

十二指腸腺

小腸腺

前列腺

尿道腺

汗腺

皮膚

脂腺

女子

★何謂外分泌腺？

外分泌腺是指分泌液從出口管流出的腺。

【參考】內分泌腺沒有分泌液的出口，會直接流入血管中。

★各種外分泌腺

涙腺是分泌眼淚的腺。

瞼板腺是會在眼角膜不斷補充潤滑油的腺。

氣管腺會不斷分泌黏液，避免氣管因為空氣進出而乾燥。

鼻黏膜分泌鼻水。

鼻的嗅腺可以感覺氣味。

唾液腺分泌的唾液，具有消化食物的作用。

乳腺分泌乳汁，而男子的乳腺退化，並沒有作用。

食道的分泌液，可以防止強酸性的胃液往上沖時侵蝕食道壁。

胃腺分泌強力酸性的胃液，殺菌、消化食物。

十二指腸腺的分泌液為鹼性，中和由胃送來的胃酸。

小腸腺的分泌液，含有特殊作用的消化酶，能夠完全消化。

前列腺分泌精子的營養，亦即精漿的成分之一。

尿道球腺的分泌液，可以給予尿道適度的濕氣。

汗腺將汗分泌至皮膚表面。

脂腺分泌油脂，保護皮膚。

重點知識

外分泌腺

外分泌腺與內分泌腺的差異

外分泌腺例

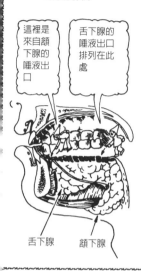

這裡是來自額下腺的唾液出口

舌下腺的唾液出口排列在此處

舌下腺　額下腺

內分泌腺例

荷爾蒙流入血管，再運送到目的地的器官

靜脈　動脈

副腎

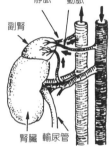

腎臟　輸尿管

★何謂外分泌腺

外分泌腺所分泌的液體，會透過管子流到內臟或體外。

左圖是指唾液腺分泌的唾液，通過管子進入口中的路徑。

★何謂內分泌腺

內分腺則沒有出口管，分泌的液體流入分布在腺中的毛細血管中，混合在血液中，送達目的地。

這個內分泌物別名荷爾蒙。

重點知識

外分泌腺

淚腺的作用

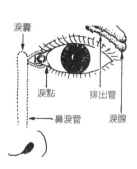

淚囊

淚點　排出管

鼻淚管　淚腺

★淚腺的作用

淚腺會不斷分泌少量的淚，由排出管流入眼瞼底，給予眼睛適度的濕潤，清洗眼睛。

★淚的作用

淚含有鹽分等，具有消毒力。當空氣中的灰塵或是細菌進入眼睛時，就會流出大量的淚水沖洗異物。

通常沖洗過後的淚，會流入淚點，通過淚囊袋進入鼻孔中，濕潤吸入的氣息。

悲傷時的淚　一旦悲傷時，不斷的湧出淚會阻塞鼻淚管。沒有出口的淚，就會不斷的從眼睛溢出。

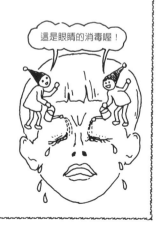

這是眼睛的消毒喔！

外分泌腺

出現眼屎的原因

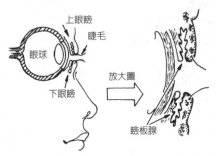

上眼瞼
睫毛
眼球
下眼瞼
放大圖
瞼板腺

★出現眼屎處

早上起床時，眼睛周圍會出現眼屎。

眼屎來自上下眼瞼瞼板腺分泌的油，也就是脂肪。

★眼屎的作用

眼屎來自瞼板腺的脂肪，主要是為了避免眨眼時損傷眼球，以及潤滑眼瞼的作用。

當此種油變乾變硬後，就會形成眼屎。

眼屎附著時看似很髒，但事實上卻具有重要的作用。

點油瓶

眼睛要加點油喔！

外分泌腺

能夠分辨氣味的原因

鼻腔剖面圖

嗅球　嗅神經
嗅腺
吸入氣息的通道
吐出氣息的通道

嗅神經
放大圖
嗅腺
氣味接收器
粘液
氣味分子

★產生氣味物質的氣味構造

有氣味的物質，其氣味成分是微小分子，不斷蒸發至空氣中。

因此，當帶有氣味的物質出現在眼前時，蒸發的氣味成分，會混入吸入的氣息中，鑽進鼻內。

★分辨氣味處

鼻子深處有廣大的房間鼻腔。當吸入的氣息通過其天井時，此處的嗅腺就能產生溶解各種氣味成分的分泌液。

★分辨氣味的方式

分泌液中的某一種，能夠溶解飛入的氣味成分，將信號傳達到腦，由腦來判斷氣味的種類。

16
外分泌系統

重點知識

外分泌腺

鼻屎的形成

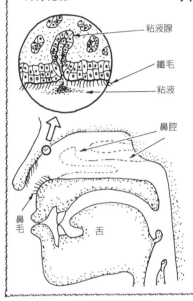

粘液腺

纖毛

粘液

鼻腔

鼻毛　　　舌

★鼻腔中的鼻黏液腺

鼻子的深處有廣大的房間鼻腔,鼻腔的壁上有黏液腺,分泌黏液。

★黏液的作用

鼻腔的黏液具有兩種作用:

❶首先就是給予鼻腔適度的濕潤。

由於吸入的空氣不斷通過鼻腔,所以鼻腔容易乾燥而覺得不舒服。

❷另一點就是如黏蒼蠅紙般,可以黏住由外部空氣中進入的細菌。

★鼻屎的真相

附著於鼻毛或鼻腔黏液的灰塵和細菌塊,黏液變乾變硬時就成為鼻屎。

重點知識

外分泌腺

痰的排出

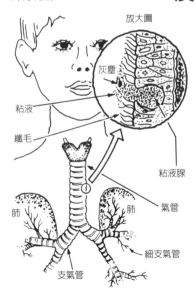

放大圖

灰塵

粘液

纖毛

粘液腺

肺　　氣管

肺

細支氣管

支氣管

★形成氣管與黏液腺

氣管、分枝的支氣管與更細的細支氣管壁內側,有無數分泌黏液的黏液腺。

黏液腺的周圍內壁,則有生長著稱為纖毛的短毛。

纖毛不斷的往上延伸,將黏液腺產生的黏液,一點一點的往上送。

★痰的真相

吸入的空氣,尚未被鼻腔吸附的灰塵或細菌,藉著黏液捕捉往上送,大量聚集後就成為痰。

當痰到達喉嚨時,會產生發癢的感覺,因此會咳嗽,將痰吐出。

重點知識
外分泌腺

唾液的出處

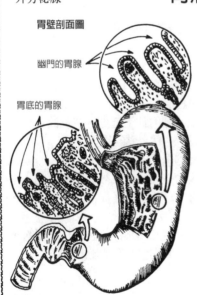

耳下腺

舌下腺　　頜下腺

★**唾液的出處**

唾液是由唾液腺分泌的。

大的唾液腺包括耳下腺（腮腺）、頜下腺、舌下腺三條，還有一些小的唾液腺。

唾液腺的成分，依腺的場所與食物種類的不同而異。以延髓爲主的自律神經，會配合擠出唾液。

我們1天排出的唾液量爲約1公升。

啊！好酸呀！

醃鹹梅

★**最大的唾液腺是耳下腺**

看見醃鹹梅時，耳下就會緊縮產生唾液。換言之，最大的耳下腺會收縮，而擠出消化液唾液澱粉酶。

重點知識
外分泌腺

胃液的出處

胃壁剖面圖

幽門的胃腺

胃底的胃腺

★**產生胃液的構造**

食物經由食道到達胃時，此信號會傳達到腦。

以延髓爲主的自律神經開始發揮作用，使得在胃內壁無數的胃腺分泌出胃液。

同時會進行胃收縮、膨脹的運動，開始消化食物（這運動稱爲蠕動運動）。

★**胃液的成分**

胃體的部分稱爲胃底。這裡的胃腺會分泌強酸鹽酸，以及消化液胃蛋白酶，分解蛋白質。

胃出口的幽門胃腺則會分泌消化液胃分泌素。

重點知識

外分泌腺

十二指腸液的出處

★十二指腸所在的位置

食物在胃消化之後送達小腸。

十二指腸位於小腸入口大約20～25cm處。

★十二指腸液的出處

十二指腸的內壁有無數的十二指腸腺。

十二指腸腺會分泌消化液蛋白酶，分解蛋白質。

★十二指腸的功能

這裡會混合膽囊和胰臟送來的消化液（詳情請參照消化器官篇）。

肝臟

膽囊

胃

十二指腸

胰臟

十二指腸腺

重點知識

外分泌腺

小腸液的出處

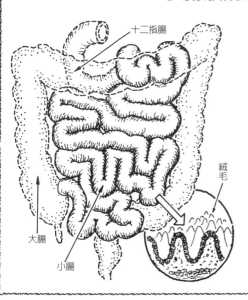

十二指腸

絨毛

大腸

小腸

★小腸的構造

小腸乃位於胃與大腸之間的消化管。成人長約6～7公尺，十二指腸是其一部分，不過大多不算。

★小腸液的出處

小腸液是由附著於內側皺襞無數的「絨毛」小突起分泌出來的。

小腸是完成消化的末端，所以小腸液含有各種成分，能夠分解澱粉、糖分、蛋白質、脂肪等，使其成為容易吸收的營養。

外分泌腺

汗液的出處

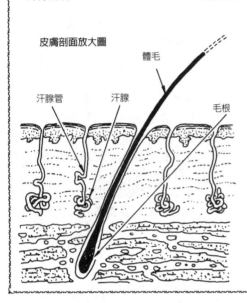

皮膚剖面放大圖

體毛

汗腺管　汗腺

毛根

★流出汗的地方

汗是由皮膚內側的汗腺，通過汗腺管排出。

★汗腺的數目

整個身體大約有200萬個汗腺。

★汗的作用

當人體溫上升時，汗腺的出口張開排汗。當汗蒸發時，就會奪走大量的體熱。

換言之，汗具有使上升的體溫下降的作用。

相反的，寒冷時，汗腺的出口會收縮阻塞，汗無法排出，就可以防止體熱散失。

外分泌腺

皮脂腺的作用

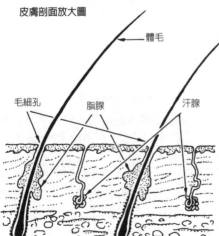

皮膚剖面放大圖

體毛

毛細孔　脂腺　汗腺

毛根

★皮脂腺所在的位置

皮膚毛細孔深處，有分泌脂肪的脂腺，稱為皮脂腺。

★皮脂腺的作用

皮脂腺分泌的脂肪，透過毛細孔不斷滲入皮膚表面，給予皮膚滋潤光澤。

★如果沒有皮脂腺時

皮膚表面經由新陳代謝不斷的更新。

如果沒有皮脂腺，皮膚表面的老舊皮膚會很乾燥，非常的骯髒。

此外，被水打濕時不具排水力，所以隨時都是濕答答的！

16 外分泌系統

外分泌腺

乳汁的出處

成人的乳房

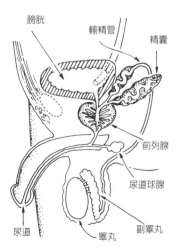

- 乳腺
- 乳管
- 乳管洞
- 乳頭
- 脂肪

★**由乳房產生乳汁的構造**

女子的乳房在孩提時代並不發達。

到11～13歲時，腦下垂體會釋放「促乳腺激素」到血管中，乳房接受此荷爾蒙時就逐漸發達、膨脹。

懷孕到接近預產期時，乳腺會急速發達。配合生產的信號，從乳腺分泌乳汁，儲藏於乳管洞。

因此當嬰兒吸吮乳頭時，就能夠吸到乳汁。

★**青春期乳房的發達**

青春期雖然乳管發達膨脹，但是沒有產生乳腺。所以即使乳房很大，也不會分泌乳汁。

外分泌腺

前列腺、尿道球腺的作用

男性生殖器的剖面圖

- 膀胱
- 輸精管
- 精囊
- 前列腺
- 尿道球腺
- 尿道
- 睪丸
- 副睪丸

★**前列腺的作用**

當精子由輸精管射出時，前列腺和精囊會收縮，擠出精漿。而精漿混合精子時就產生精液。

精漿成為精子的營養，而且有幫助精子運動的作用。

★**尿道球腺的作用**

尿道球腺會分泌黏液，給予尿道適度的濕潤。

前列腺

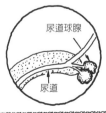

尿道球腺

尿道

神　經　　　　　　**神經概說**(1)

★何謂神經

神經具有保持身體各部分與內臟的聯絡，蒐集各種情報，控制各種器官的機能。此外，也會進行思考等，所以是非常重要的器官。

★神經的分類

神經依作用的不同來分類，整體的中心是「中樞神經」，而「末梢神經」則與中樞神經相連，分布全身。

★何謂中樞神經？

腦與脊髓合稱爲中樞神經，負責所有神經主要的作用。

因此是最重要的器官。腦收藏在顱腔，由顱骨保護著。脊髓則收藏在脊柱管細長的管子中，由脊椎骨保護著。

★何謂末梢神經

末梢神經是由腦直接伸出的左右12對「腦神經」，與從脊髓伸出的左右31對「脊髓神經」的總稱。

★何謂「感覺神經」與「運動神經」？

如果以作用區分神經，將末端受到的刺激傳到中樞的稱爲「感覺神經」。相反的，將來自中樞的命令（信號）傳到末端稱爲「運動神經」。

★何謂自律神經？

所有的內臟、內分泌腺、外分泌腺、血管和全身的汗腺等，與人的意志無關，會自行發揮作用，都是由自律神經控制的。

此種神經是由交感神經與副交感神經所構成。交感神經幹分布在脊髓兩側，與脊髓聯絡。

副交感神經則從腦延伸出來或來自髓（骶骨部），具有與交感神經相反的作用。

【其1・中樞神經】

▶顱腔與脊柱管(中樞神經的內容物)　▶腦與脊髓（中樞神經）

顱腔

顱骨

頸椎

胸椎

脊柱管

脊椎

腰椎

骶骨

尾骨

腦

脊髓

総合知識
神 經

神經概說(2)

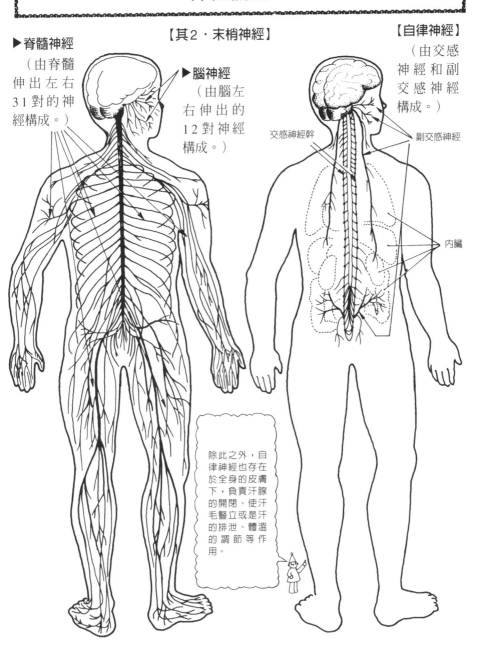

【其2‧末梢神經】

▶脊髓神經
（由脊髓伸出左右31對的神經構成。）

▶腦神經
（由腦左右伸出的12對神經構成。）

【自律神經】
（由交感神經和副交感神經構成。）

交感神經幹

副交感神經

內臟

除此之外，自律神經也存在於全身的皮膚下，負責汗腺的開閉、使汗毛豎立或是汗的排泄、體溫的調節等作用。

重點知識

神經

何謂蛛網膜【保護腦的構造】？

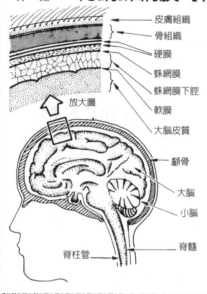

皮膚組織
骨組織
硬膜
蛛網膜
蛛網膜下腔
軟膜
放大圖
大腦皮質
顱骨
大腦
小腦
脊柱管
脊髓

腦是重要的器官，因此受到嚴密的保護。

❶**外層** 由擁有頭髮的皮膚和顱骨圍住。

❷ **內層** 其內側則由硬膜、蛛網膜、軟膜3種膜包住（三者合稱爲腦膜）。

蛛網膜與硬膜的縫隙間有淋巴液，而蛛網膜和軟膜縫隙（稱爲蛛網膜下腔）則充滿著髓液，可以吸收加諸於腦的衝擊，同時具有補充營養的作用。

【參考】蛛網膜下出血是指周邊或腦內的血管破裂，造成上記蛛網膜下腔出血的疾病。

重點知識

神經

腦的外觀

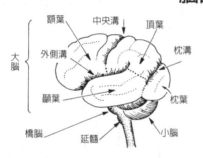

額葉
中央溝
頂葉
大腦
外側溝
枕溝
顳葉
枕葉
橋腦
延髓
小腦

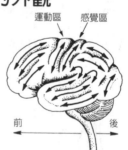

運動區
感覺區
前
後

條大溝。以此爲交界，可以區分爲額葉、頂葉、枕葉、顳葉以及島（隱藏在中間看不到）六大部分。

大腦還有一些小溝（圖的箭頭部分），各自分擔重要的作用。

上圖是顱骨中腦的左側面。

首先注意的是**大腦**，其後方下側是**小腦**的一部分，中央的下方則是**橋腦**的一部分與**延髓**。

大腦具有中央溝、外側溝、枕溝三

例如以中央溝爲交界，前後的部分稱爲運動區、感覺區，各自成爲運動神經、感覺神經的中樞，詳情請參照後面的敘述。

腦內部的構造

前頁上圖是腦的垂直剖面圖，下圖是水平剖面圖，而內部構造非常複雜。

【垂直剖面圖】

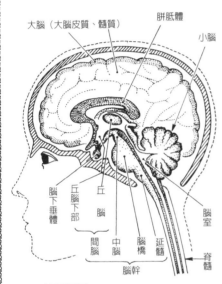

水平剖面圖

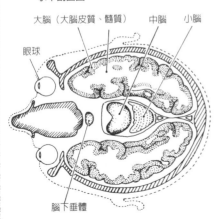

整個腦可以分爲大腦、小腦、腦幹三個部分加以說明。

★大腦的構造

在腦中，大腦由左右兩個非常大的大腦半球構成。

這兩個半球，中心部是胼胝體，有很多的神經纖維連結，進行聯絡。

大腦的表面由灰白質層構成稱爲大腦皮質；內部則爲白質，也稱爲髓質。

★小腦的構造

小腦在腦幹部的後側，負責掌管身體的平衡與運動機能。

★腦幹的構造

腦幹安裝在大腦上，類似棒狀的柄，是由間腦（以丘腦、丘腦下部爲主體）、中腦、橋腦、延腦四大器官構成。

此處是各種神經的通路及轉運站。此外，也負責調整內臟的功能。

腦幹下端的延髓，直接與脊髓相連。

★其他…腦下垂體

腦下垂體垂掛在丘腦下部下方，是非常重要的器官。接受來自丘腦下部的指示，分泌各種荷爾蒙到血液中，同時將信號傳達到各個組織。

神　經

大腦的作用

▶大腦左右方向的剖面圖

大腦皮質的神經細胞

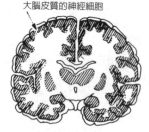

髓質纖維狀的神經細胞

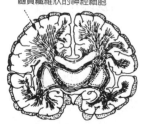

★大腦質神經細胞的構造

大腦表面部分稱為大腦皮質，依位置不同而有不同的厚度（1～5毫米），其中間塞滿了90～150億個神經細胞。

神經細胞負責接受、整理、判斷來自身體末端的情報，也將命令送達身體末端。

★髓質纖維狀神經細胞的構造

大腦分為左右大腦半球。左半身的情報傳到大腦右半球，右半身的情報傳達到大腦左半球。

這時髓質的纖維狀細胞，成為情報的通道，交換從左右半球接收到的情報，類似電話線的作用。

★大腦主要的功能

大腦皮質如以上所敘述的，除了進行人類所有的精神活動之外，特別的事項如右下圖所示，有既定的活動場所。

❶運動　成為肌肉運動的中樞處。

❷感覺　皮膚感受到的溫度、疼痛、壓力等，是各種感覺的中樞。

❸視覺、聽覺、嗅覺、味覺　各自成為由兩眼所構成的視覺、由兩耳所形成的聽覺、由鼻子所構成的嗅覺、由舌頭所構成的味覺中樞。

❹語言記憶與語言運動　語言中樞分為兩處，一處就是語言記憶或理解中樞，另一處就是將語言用聲音表達出來的肌肉運動中樞。後者慣用右手者是在左半球，慣用左手者是在右半球。

同樣的，具有邏輯思考能力的中樞在左半球，而像藝術‧創造能力的中樞則在右半球。慣用右手的人，邏輯分析能力較佳。慣用左手的人，藝術創造能力較佳。

❺閱讀記憶　經由閱讀記憶知識的中樞。

▶大腦主要的功能

【側面圖】

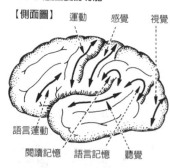

運動　感覺　視覺

語言運動

閱讀記憶　語言記憶　聽覺

嗅覺　味覺

【剖面圖】

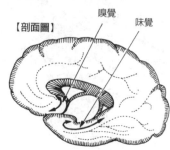

重點知識

神　經

小腦的作用

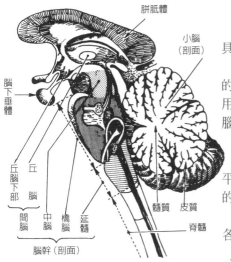

胼胝體

小腦
（剖面）

腦下垂體

丘腦
下部　丘腦

間腦　中腦　橋腦　延髓

髓質　皮質

脊髓

腦幹（剖面）

★小腦的構造

小腦在橋腦、延髓的後方，是表面具有很多皺紋的器官。

接近表面層稱爲小腦皮質，有很多的神經細胞排列於此。深部有髓質，利用神經纖維與小腦皮質各部與延髓、橋腦等結合。

★小腦的作用

小腦可以迅速整理並進行來自內耳平衡器官或肌肉關節的情報，保持身體的平衡。

此外，也會在複雜的運動中，協調各種的肌肉。

腦幹的作用

腦幹是由間腦（丘腦與丘腦下部爲其中心）和中腦、橋腦、延髓四大器官構成。

腦幹是來自全身的感覺神經與送到全身的運動神經的神經纖維的通道管，可以加以保護，此外還有以下作用。

★間腦的作用

❶丘腦　這裡是負責接收來自全身感覺器官（嗅覺除外）情報的轉運站。進行整理分類後，趕緊送到大腦的特定場所。

情感也由此處控制。

❷丘腦下部　是自律神經的中樞，支配內分泌腺的分泌，調節內臟的肌肉運動。

此外，還是體溫、睡眠、消化、水分調節或性功能的中樞。

★中腦的作用

除了眼球運動、瞳孔的調節、姿勢調節的中樞之外，同時也是視覺、聽覺的調節中樞。

★橋腦的作用

是呼吸規律或深度的調節中樞（與延髓也有關）。

此外，顏面神經、內耳神經等腦神經的部分也由此出入。

★延髓的作用

延髓是在小腦下方膨脹的部分。

形狀雖小，卻具有很多作用，詳情請參照次頁。

神　經

延髓的作用

延髓（位置或形狀參照前頁）形狀雖小，卻是以下諸多作用的中樞。

❶打噴嚏、咳嗽的反射中樞

當呼吸中鼻腔或呼吸道吸入異物之時，反射神經就會產生防衛作用，以打噴嚏、咳嗽的方式將其趕走。

❷發聲的中樞

語言中樞在大腦皮質，發聲中樞則在此處。

❸呼吸中樞

此中樞當血液中的成分缺氧時，會呼吸加快或加深。

❹血管運動、心臟調節中樞

此中樞與上述的呼吸運動有關，會使血管收縮，或是抑制心臟的跳動。

❺消化運動的中樞

在口中咀嚼食物的運動，有一半是無意識的進行，其中樞就在於此。

分泌唾液或吞嚥動作、吞嚥時停止呼吸的時機，全都是由此中樞控制。

❻閉眼瞼的中樞

具有保護眼睛的作用。

❼分泌汗的中樞

分泌汗的中樞雖分布於脊髓，但是其總合中樞就在此處。

神　經

保護脊髓的構造

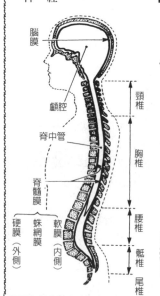
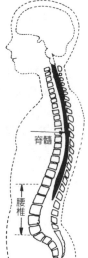

腦膜

顱腔

脊中管

脊髓膜

硬膜（外側）　蛛網膜　軟膜（內側）

頸椎
胸椎
腰椎
骶椎
尾椎

脊髓

腰椎

脊髓與腦是重要的器官，是以相同的構造被包圍、保護著。換言之：

❶外層 由脊椎骨保護。

❷內層 則由（由外側往內側依序是）硬膜、蛛網膜、軟膜包住。

這3種膜合稱爲脊髓膜，和包住腦的腦膜合而爲一。

……脊髓下端是在第1、第2條腰椎之間。

與脊髓緊密結合的軟膜，和其外側蛛網膜之間的縫隙充滿著髓液，可以緩和來自外界的衝擊，同時具有補充營養的作用。

重點知識

神　經

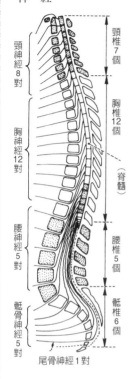

頸神經8對
胸神經12對
腰神經5對
骶骨神經5對

頸椎7個
胸椎12個
（脊髓）
腰椎5個
骶椎6個

尾骨神經1對

由脊髓分出的神經

　　脊髓會朝上下方向延伸出無數的神經纖維束。如左圖所示，分爲31個節。

　　每一個節會朝身體左右伸出1組神經。由於是由脊髓伸出之神經，所以又稱脊髓神經。

　　脊髓神經由上往下，共有8對頸神經、12對胸神經、5對腰神經、5對骶骨神經，以及1對尾骨神經。

　　這些神經除了頭部以外，會延伸到人體各處，將末端情報經由脊髓傳達大腦皮質。相反的，也會將腦的命令經由脊髓傳遍全身的肌肉，使其運動。

脊髓中的構造

　　請看右側上段圖。

　　這是脊椎骨的解剖圖，脊柱管的部分是中空的。

　　中段圖則是脊柱管中有脊髓通過的狀況。左右伸出的細管，則是由脊髓各節伸出的脊髓神經束。

脊椎骨　　脊柱管

脊髓　　灰白質
　　　　白質

脊髓神經

脊髓神經

後方

　　脊髓的橫剖面（請對照下段圖一起看），中心部形成英文「H」的形狀。此處是灰色的，因此稱爲**灰白質**。

　　灰白質有很多的神經細胞，神經纖維上下分布。上端與大腦的灰白質亦即大腦皮質相連。

　　圍繞H形灰白質的部分，因爲看似泛白光，所以稱爲**白質**。這裡有很多神經纖維，負責傳達來自外界出入脊椎的脊髓神經的信號和傳達脊髓內信號。

　　……爲了了解傳達信號的構造，請參照次頁神經細胞構造的說明。

重點知識

神 經

神經細胞傳達信號的構造

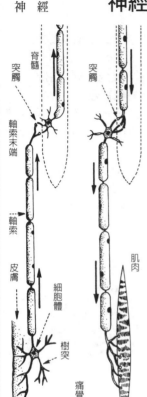

★神經細胞（神經元）的構造

神經細胞是由細胞體、樹突、軸索三種部分構成，相連後傳達信號（這個神經系統經路的基本單位是1個神經細胞，稱為神經元）。

軸索的長度各有不同。像大腦皮質等比較短，末梢神經一般而言較長。從脊髓到腳趾為止，長度將近1.2公尺。

★傳達神經元信號的方式

例如人遇到來自外部的尖銳刺激時，會使痛覺的接收器興奮，發出微弱的電氣（信號）。

由神經元的樹突接受此信號後，經由體細胞→軸索，到達軸索末端，接著傳到神經元的樹突⋯最後到達大腦皮質。

大腦皮質發出的命令信號，又以其他的神經元管道，以相同的方式傳達到肌肉等處。

★神經元接縫的構造

神經元的接縫稱為突觸。

傳達到一個神經元軸索末端的電氣信號，在此變成化學傳達物質，跳躍縫隙。

接受此物質的下一個神經元，再次還原電氣信號，送達前端。

右圖是顯示感覺神經（朝向大腦皮質），以及運動神經（朝向肌肉）的信號前進方式，以及突觸的例子。

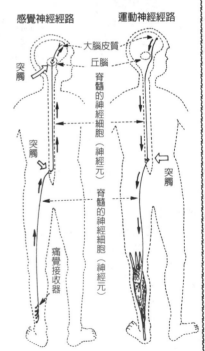

感覺神經經路　　運動神經經路

重點知識

神 經

脊髓分配信號的構造

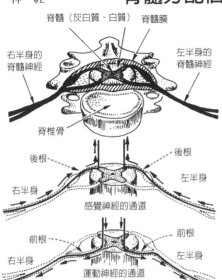

脊髓（灰白質・白質）　脊髓膜

右半身的脊髓神經

左半身的脊髓神經

脊椎骨

後根　　　　後根

右半身　　　　左半身

感覺神經的通道

前根　　　　前根

右半身　　　　左半身

運動神經的通道

★圓切脊髓的構造

脊髓的中心部（灰白質）成H字形。而左上段的圖，則是脊髓與脊髓神經之間的連接情況。

★傳達信號的構造

請看下面兩個圖。

從全身的感覺器官，經由脊髓神經傳來的信號，通過後根（後方的通道），到達脊髓H形後方的腳部，往上傳達到大腦皮質。

相反的，來自大腦皮質的運動命令，下降到H形的前腳部，經由脊髓神經（通過前根）傳達到肌肉等處。

……因此，脊髓中的感覺神經與運動神經是不可能混線的。

重點知識

神 經

神經的「反射」構造

【膝蓋反射】

感覺神經的信號，在脊髓通過捷徑傳到運動神經，將命令傳達到腳的肌肉。

感覺神經

運動神經

★神經的「反射」構造

脊髓在身體末端與腦之間，具有信號通道的作用，同時具有另一種成為「反射」中樞的重要作用。

反射並不會將信號送達到腦，所以是無意識中進行的運動。由於神經的管道很短，所以可以展現瞬間對應的運動。

★膝蓋反射的神經管道

用小鎚子敲打髕骨下方陷凹處，此種刺激會經由腱→感覺神經→脊髓→運動神經，立刻使肌肉收縮，腳趾彈起。

★日常生活中的「反射」運動

例如走在路上撞到東西時，手和腳等許多的肌肉會瞬間對應，進行保持平衡的運動，這全是反射的功能。

神　經

脊髓神經的構造

★脊髓神經的構造

　　脊髓神經從脊髓朝左右分枝，全身共有31對神經。

　　內容包括8對頸神經、12對胸神經、5對腰神經、5對骶骨神經、1對尾骨神經。其各自分為感覺神經與運動神經。感覺神經的前端主要分布在皮膚，運動神經的端前則分布在肌肉。

★著名脊髓神經的知識

　❶胸神經（12對）在其根部分枝為胸側與背側，而朝向前側分布的神經稱為**肋間神經**。

　　各自朝水平方向延伸，支配胸壁的肋間肌（下方是腹肌的一部分）與皮膚。

　❷腰神經的下2對與骶骨神經的上3對在中途匯集，成為人體中最粗的神經，延伸至腳部。

　　此神經通過骨盆坐骨部旁，因此也稱為**坐骨神經**。會因為椎間盤突出症等引起神經痛，所以非常著名。

★脊髓神經的支配部位

　　人類脊髓神經的支配部位各自如右圖所示。

　　可能是人類祖先的遺跡吧，神經朝向四肢爬行姿勢的垂直下方延伸。

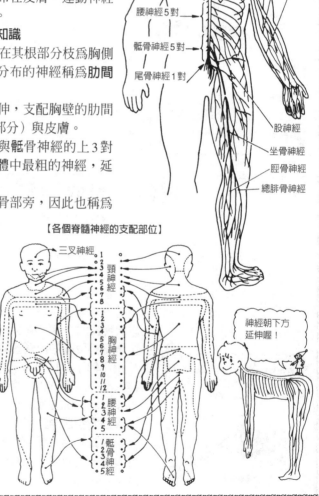

【脊髓神經】

腦

頸神經8對

胸神經12對

脊髓

腰神經5對

骶骨神經5對

尾骨神經1對

肋間神經

橈骨神經

正中神經

尺骨神經

股神經

坐骨神經

脛骨神經

總腓骨神經

【各個脊髓神經的支配部位】

三叉神經

1 2 3 4 5 6 7 8　頸神經

1 2 3 4 5 6 7 8 9 10 11 12　胸神經

1 2 3 4 5　腰神經

1 2 3 4 5　骶骨神經

神經朝下方延伸喔！

重點知識

神　經

腦神經的構造

★何謂腦神經？

與前頁的脊髓神經不同，由腦（中腦、橋腦、延髓）分出至左右的神經有12對，稱為腦神經。

腦神經與脊髓神經合稱為末梢神經。

★各種腦神經的功能

❶**嗅神經** 將嗅覺傳達到腦的神經。

❷**視神經** 將視覺傳達到腦的神經。

❸**動眼神經** 將命令傳達到運動眼瞼或眼球肌肉的運動神經。

❹**滑車神經** 將命令傳到讓眼球朝下外側肌肉的運動神經。

❺**三叉神經** 區分為分泌淚神經，與朝上下頜延伸的神經，因此稱為三叉神經。負責掌管咀嚼或舌的運動、齒的感覺等等。

❻**外展神經** 將命令傳達給將眼球朝向外側的肌肉的神經。

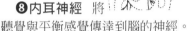

❼**顏面神經** 主要與活動表情的肌肉及味覺和唾液的分泌有關。

❽**內耳神經** 將聽覺與平衡感覺傳達到腦的神經。

❾**舌咽神經** 與舌和咽頭的知覺、運動、分泌有關的神經。

❿**迷走神經** 延伸到遠處所有內臟的神經（詳情請參照次頁）。

⓫**副神經** 將命令傳到負責抬起頜部、繞肩等動作的肌肉的運動神經。

⓬**舌下神經** 將命令傳達到負責咀嚼、吞嚥、發聲肌肉的運動神經。

重點知識

神　經

當腦的單側受損時，為何相反側會半身不遂呢？

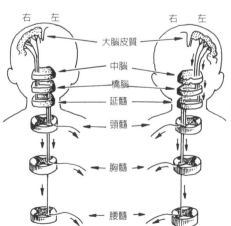

右半球（左半球）的大腦皮質發出的運動命令，大部分通過中腦、橋腦，在延髓下方會交叉到相反側。

然後沿著脊髓左側（或右側）的管道，往下經過左半身（右半身）的運動神經，將命令傳達到肌肉，使其運動。

……因此腦某處的半球異常時，無法發出運動的正確命令，結果造成了相反側的半身不遂。

脊髓單側受損時，同側半身的下方也會出現不遂的現象。

【參考】運動神經的一部分，不會在延髓下方交叉，會直接下降到脊髓交叉。

重點知識

神　經

自律神經的構造

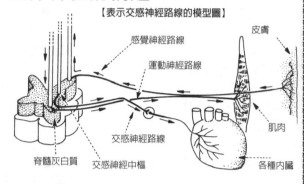

【表示交感神經路線的模型圖】

感覺神經路線
運動神經路線
皮膚
肌肉
交感神經路線
脊髓灰白質
交感神經中樞
各種內臟

大腦
中腦
橋腦
延髓
頸髓
交感神經幹
胸髓
心臟
交感神經
腰髓
骶髓
膀胱

★何謂自律神經

　　所有內臟、分泌腺、排泄器官等，都受到自律神經的支配。自律是指不接受腦的命令，能夠獨立發揮作用的意思。像心臟不眠不休的持續跳動就是很好的例子。

　　自律神經分爲**交感神經與副交感神經**兩種，各自的構造如下。

★交感神經的構造

　　如上圖所示，在脊髓（腦髓與腰髓）的兩側縱向分布的神經，稱爲交感神經幹。

　　由交感神經幹伸出的神經，對所有的內臟、分泌腺或排泄器官等發揮作用。其中樞並不是在大腦皮質，而是在呈 H 字形的脊髓灰白質的側腹（參照右上圖）。

★副交感神經的構造

　　副交感神經中樞在腦幹（中腦、橋腦、延髓），直接由此伸出動眼神經、顏面神經、舌咽神經、迷走神經（分布於內臟或分泌腺）。

　　此外，脊髓下方的**骶髓**兩側也有副交感神經，支配大腸、膀胱、生殖器官等。

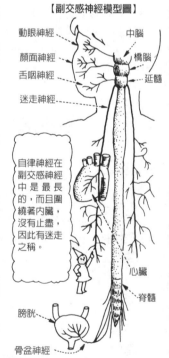

【副交感神經模型圖】

動眼神經
顏面神經
舌咽神經
迷走神經
中腦
橋腦
延髓

自律神經在副交感神經中是最長的，而且圍繞著內臟，沒有止盡，因此有迷走之稱。

心臟
脊髓
膀胱
骨盆神經

【參考】交感神經從腦脊髓神經伸出，獨立分布。但是副交感神經則與腦脊髓神經同居分布。換言之，動眼神經、顏面神經、舌咽神經、迷走神經、骨盆神經的傳達路線，是受到大腦支配的神經與不受大腦支配的自律神經兩條一起形成。因此例如臉的肌肉，可以無意識的抽動，或是利用意志使其運動。

重點知識

神經

自律神經的功能

★自律神經的功能

前頁敘述過，自律神經包括交感神經與副交感神經兩種，兩者具有相反的作用。

例如交感神經能夠使心跳加快，減緩腸的蠕動。副交感神經則會減緩心跳次數，使腸蠕動旺盛（詳情請參照右圖）。

★自律神經的其他特徵

❶前頁已經敘述過，交感神經的中樞是脊髓，而副交感神經的中樞在腦幹。丘腦下部有程度非常高的中樞，調整兩者的平衡。

❷自律神經支配一般內臟的肌肉是平滑肌，而心臟的肌肉則是心肌。

這些肌肉比較不容易疲勞，所以能夠無休止的活動。

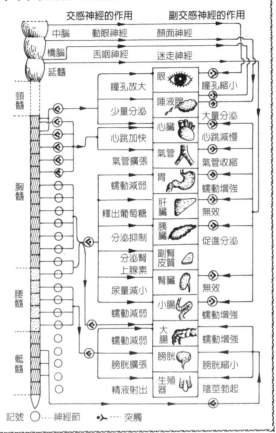

交感神經的作用		副交感神經的作用
中腦	動眼神經	顏面神經
橋腦	舌咽神經	迷走神經
延髓		
瞳孔放大	眼	瞳孔縮小
少量分泌	唾液腺	大量分泌
心跳加快	心臟	心跳減慢
氣管擴張	氣管	氣管收縮
蠕動減弱	胃	蠕動增強
釋出葡萄糖	肝臟	無效
分泌抑制	胰臟	促進分泌
分泌腎上腺素	副腎皮質	
尿量減小	腎臟	無效
蠕動減弱	小腸	蠕動增強
蠕動減弱	大腸	蠕動增強
膀胱擴張	膀胱	膀胱縮小
精液射出	生殖器	陰莖勃起

頸髓　胸髓　腰髓　骶髓

記號 ○……神經節　●━<……突觸

重點知識

神經

呼吸的調節

肺進行的呼吸，與其他內臟同樣受到自律神經支配，不眠不休的進行。當血液中的氧量減少時，會刺激呼吸中樞加快呼吸，進行各種調節。

但是肺的擴張或收縮，則是藉著胸廓周圍的肌肉群和橫膈膜來進行。這

些肌肉與其他內臟不同，稱為骨骼肌。

骨骼肌與手腳肌肉相同，受到以大腦皮質為中樞的脊髓神經的支配，因此我們可以靠自己的意志加深呼吸、快速呼吸或暫時停止呼吸。

第4篇
生 命 的 誕 生

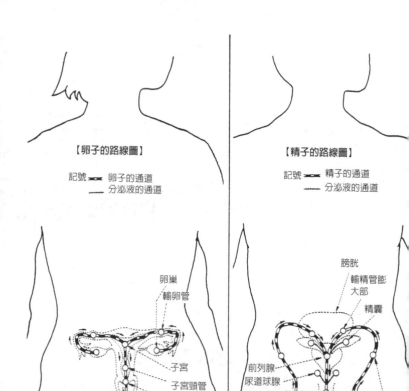

【卵子的路線圖】

記號 ▬ 卵子的通道
　　　　‑‑‑‑ 分泌液的通道

卵巢
輸卵管

子宮
子宮頸管
子宮口
陰道
陰道口
大前庭腺

【精子的路線圖】

記號 ▬ 精子的通道
　　　　‑‑‑‑ 分泌液的通道

膀胱
輸精管膨大部
精囊
前列腺
尿道球腺
尿道
尿道口
輸精管
副睪
睪丸

男性的生殖器官

男性生殖器官的概要

【側面圖】

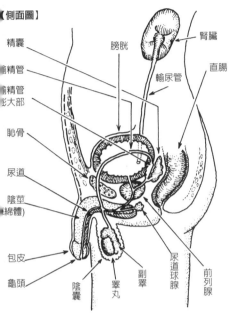

精囊
輸精管
輸精管膨大部
恥骨
尿道
陰莖(海綿體)
包皮
龜頭
陰囊
睪丸
副睪
尿道球腺
前列腺
膀胱
腎臟
直腸
輸尿管

【背面模型圖】

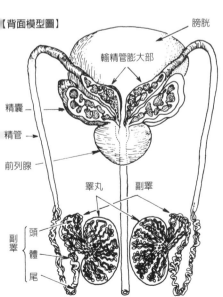

精囊
精管
前列腺
副睪（頭、體、尾）
膀胱
輸精管膨大部
睪丸
副睪

男性生殖器官的作用，一言以蔽之就是製造、輸送精子。

以下簡敘從精子誕生到排泄於體外為止的構造。

★精子之旅

精子是由睪丸誕生的。

拖著長長的尾巴，好像蝌蚪的形狀，朝向副睪前進。

副睪形成長管狀，精子暫時儲存此處，慢慢前進，逐漸成熟。

成為成熟的精子後，搖著尾巴在輸精管中游泳，到達終點輸精管膨大部。

這裡有很多小房間，儲藏陸續抵達的精子。

……當性興奮提高，感覺刺激時，會使輸精管膨大部的肌肉強烈收縮。

居住在小房間的精子，全都被推擠到前方的前列腺的管中。

就在此時，精囊和前列腺的肌肉強力收縮，擠出精漿液體。

精子和精漿此種營養液，一起被用力推擠到前面的尿道。

配合時機，尿道的肌肉成波狀強力收縮，將包圍在經漿中的精子用力排出體外。

……

就這樣結束男性生殖器官內的精子之旅。

重點知識

男性的生殖器官

陰囊的構造

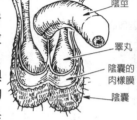

★陰囊的構造

　陰囊收藏睪丸、副睪以及一部分輸精管。

　這個囊包括最外層的皮膚在內，共形成8層膜，而成人會長一些陰毛。

★陰囊的作用與特徵

❶陰囊由8層構成的理由　為了保護像睪丸等重要的器官免於受到外界的衝擊，因此需要很多層。

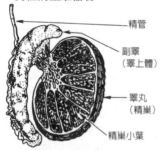

❷沒有皮下脂肪的理由　人體只有此處沒有皮下脂肪，是為了消除脂肪層的保溫效果。

❸皺紋與汗腺較多的理由　皺紋具有引擎散熱板的作用，汗腺則可以藉著汗的蒸發提高冷卻效果。

❹皮膚顏色較深的理由　因為儲藏大量的黑色素，吸收太陽光中的紫外線，保護睪丸製造精子的機能，因此顏色很深。

❺其他　請參照195頁的敘述。

重點知識

男性的生殖器官

睪丸的功能

【睪丸模型圖】

★睪丸的構造

　陰囊中收藏著橢圓形的睪丸（也稱為精巢），左右共1對，內部分為小葉小房間。

　小葉中有大約1000條（1條拉長時為1m）彎曲的細管，稱為細尿管，並塞滿了顆粒狀的組織間質細胞。

★睪丸的作用

　睪丸具有以下兩種重要的作用。

　第1種就是製造精子。在曲精細管的內壁，不斷分裂而誕生的精子（參照左下圖），經由直精細管→精巢網→精巢輸出管，不斷的前進到達副睪（詳情請參照次頁）。

　第2項工作是間質細胞分泌男性荷爾蒙。男性荷爾蒙的分泌構造與功能，請參照160頁的敘述。

18 生殖器官(1)男子

重點知識

男性的生殖器官

精子的誕生

【精子誕生的構造圖】

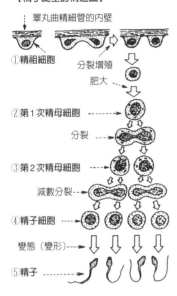

睪丸曲精細管的內壁

①精祖細胞

分裂增殖

肥大

②第1次精母細胞

分裂

③第2次精母細胞

減數分裂

④精子細胞

變態（變形）

⑤精子

❸持續得到營養，分裂為兩個，變成**第2次精母細胞**。此種細胞與第1次精母細胞的形狀完全相同，換言之，精子的母親增加為2人。

❹接著進行特別的減數分裂，各自分出2個**精子細胞**。

❺換言之，精子細胞就是精子的卵，卵的內容物則變成精子（稱為變態），從殼中脫離後成為「**精子**」。

精子搖著尾巴，不斷往前游泳。1個精母細胞要誕生4個精子，需要花20天的時間。

首先請看前頁下段圖，可以見到睪丸中彎曲的曲精細管。

精子就是在此細管內壁誕生的。

左圖表示此種誕生的構造圖。模型圖則如下圖所示，請一邊比較，一邊參考以下說明。

……

❶曲精細管的內壁，有基底膜（下圖），與**精祖細胞**，相當於精子的祖母細胞排列著。

此種細胞不眠不休的進行分裂，增加數目。

❷終於，精祖細胞脫離了基底膜，從附著於內壁的支持細胞（下圖）中得到營養，逐漸成熟變大，形成相當於精子母親的細胞，稱為**第1次精母細胞**。

【精子誕生模型圖】

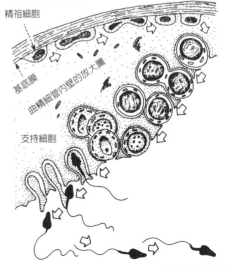

精祖細胞

基底膜

曲精細管內壁的放大圖

支持細胞

重點知識

男性的生殖器官

精子的姿態

先體　枝　　　粒腺體（細胞質的一部分）

←─頭部─→　←─中片─→　←────尾部────→

　精子全長爲16分之1mm左右，頭和尾都很細，所以使用500倍的顯微鏡來觀察較爲適當。

　雖然會變形，但是如下圖所示，通常1個細胞的細胞質較少，只有1個核，外面由細胞膜包住。

細胞膜
核
細胞質

　頭部的核塞滿了重要物質染色體等。

　前端稱爲先體，由準備插入卵子的組織構成。

　頸部後方有稱爲中片的部分，此處塞滿了營養物質（細胞質的一部分）粒腺體，成爲運動的熱量源。

　尾巴則像蝌蚪般，不斷的擺動前進。

　……精子體型雖小，但是卻靠這些器官力量接近卵子，侵入卵子內而引起受精。

重點知識

男性的生殖器官

副睪的功能

★副睪的構造
　副睪掛在睪丸（精巢）上方，也稱爲睪上體。成扭曲狀的細管，拉直大約有6公尺長。

★副睪的功能

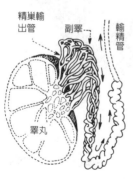

精巢輸出管
副睪
輸精管
睪丸

　在睪丸誕生的精子，成群結隊通過精巢輸出管，陸續到達副睪。

　右圖是副睪管的剖面圖，內壁的

分泌腺會分泌出營養。

　換言之，精子慢慢的在長管中前進，同時吸收營養，變成強壯的精子，然後踏向輸精管之旅。

　【參考】副睪是精子第1個積存場所。

　通常1次射精，精液會有2～5億些精子，這些精子就是由此處送出的。

副睪管的剖面圖

精子

重 點 知 識

男性的生殖器官

【輸精管的模型圖】

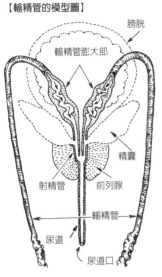

膀胱

輸精管膨大部

精囊

射精管　前列腺

輸精管

尿道

尿道口

輸精管的功能

★輸精管的構造

輸精管連接副睪與射精管，其壁與食道相同，是由縱肌與環肌構成的。

★輸精管的功能

結束副睪之旅的精子，在長長的管子中游泳。到了終點輸精管膨大部，進入小房間。這裡是精子第2個積存場所。

……當性興奮提高，感覺刺激時，輸精管膨大部的肌肉強力收縮，積存在小房間內的精子一起被推向射精管。

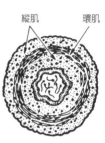

縱肌　　環肌

【參考】有人說第1積存場副睪的精子，也會藉著輸精管肌肉的收縮而射出。

重 點 知 識

男性的生殖器官

【精囊的模型圖】

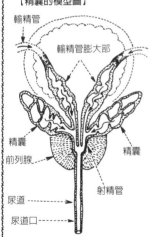

輸精管

輸精管膨大部

精囊

前列腺

精囊

射精管

尿道

尿道口

精囊的功能

★精囊的構造

成人精囊長約12cm，是細長囊。

內壁有外分泌腺精囊腺，分泌精液的成分之一。

★精囊的功能

當來自輸精管的精子，用力射出的同時，精囊肌肉也會強力收縮，用力射出儲存的精漿液體。

而精子和精漿在射出管會合，混合被推擠到前列腺中的管子中。

★精囊分泌的精漿的特徵

精漿也可以由前列腺等分泌，但是由精囊分泌的精漿佔40～80%。

精漿含有很多的營養成分果糖，能夠使精子有元氣的活動，成為熱量源。

因此如果精子數目過多，或是精囊分泌的精漿太少時，果糖很快就會用完，而縮短精子的活動時間。

重點知識

男性的生殖器官

前列腺的功能

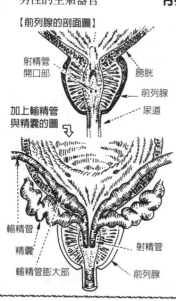

【前列腺的剖面圖】

射精管開口部
膀胱
前列腺
尿道

加上輸精管與精囊的圖

輸精管
精囊
輸精管膨大部
射精管
前列腺

★前列腺的構造

前列腺位於膀胱出口與尿道入口之間，是成栗子形狀的外分泌腺，分泌精液的1種成分。

★前列腺的功能

由輸精管射出精子，同時由精囊射出精漿。在同一個時機，前列腺的肌肉強力收縮，將儲存於組織間縫隙的精漿用力擠出。

因此與精子或精囊分泌的精漿混合往前推擠。

★前列腺分泌的精漿的特徵

由前列腺分泌的精漿，大約佔全體的13～33%。成分中含有新陳代謝中重要作用的物質 —— 檸檬酸。

重點知識

男性的生殖器官

尿道球腺的功能

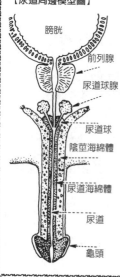

【尿道周邊模型圖】

膀胱
前列腺
尿道球腺
尿道球
陰莖海綿體
尿道海綿體
尿道
龜頭

★尿道球腺的構造

包圍尿道，保護尿道組織的稱為尿道海綿體。在其後端，膨脹為圓形部就是尿道球。

尿道球腺則在這個尿道球的後方，左右1對，是將鹼性黏液分泌到尿道的小外分泌腺。

★尿道球腺的功能

精子在酸性的環境中無法長久生存，因此精子是弱鹼性的。……但是一般而言尿是弱酸性，所以尿道會受到酸性的污染。

……因此男性引起性衝動時，尿道球腺會反射性的將弱鹼性的黏液分泌到尿道，滋潤整個尿道，讓精子安全的通過。

溢出的一部分黏液可以滋潤龜頭，容易使龜頭插入女性的陰道，因此具有潤滑油的功能（並沒有存在摻雜精子的精液）。

重點知識
男性的生殖器官

陰莖的功能

【陰莖的剖面圖】

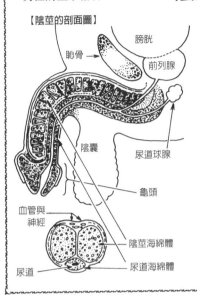

膀胱
恥骨
前列腺
陰囊
尿道球腺
龜頭
血管與神經
陰莖海綿體
尿道
尿道海綿體

★陰莖的構造

包住尿道的細長組織，稱為尿道海綿體。陰莖海綿體則左右分開，在於其上。

陰莖前端部稱為龜頭，根部與肌肉組織結合，和形成弓狀的恥骨相連。

★陰莖的功能

陰莖由龜頭的尿道口排泄尿，同時也具有射出精液的作用。

……海綿體由無數的小腔（細微的縫隙）構成。當產生性興奮時，會有大量的血液流入小腔，使海綿體充血、膨脹、變硬，形成所謂的勃起狀態。

當性興奮停止時，血液退去，陰莖會恢復普通的粗細與柔軟度。

重點知識
男性的生殖器官

何謂包莖？

★包莖是指何種狀態？

包莖是指包皮前端的環狹窄，無法越過龜頭冠部翻轉時就稱為包莖。

★陰莖發育的方式

嬰兒的龜頭有很多的沾黏面，2歲兒龜頭冠部殘留沾黏，因此包莖是自然的狀態。

到達成人年齡時，如果還出現此種嬰兒狀態，則屬於先天性包莖。另一方面，並不是包莖的人，可能會引起

包皮炎而前端環收縮，形成後天性包莖。

★恥垢的真相

龜頭冠部或頸部有皮脂腺，會產生具有特殊臭味的分泌物，摻雜經由新陳代謝而脫落的角質表皮等物，而成為恥垢。

持續蓄積會造成發炎的原因，但是包莖者其恥垢很難去除。

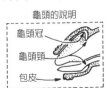

龜頭的說明
龜頭冠
龜頭頸
包皮

嬰兒
沾黏

2歲兒
沾黏

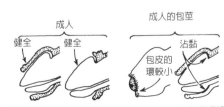

成人
健全　健全

成人的包莖
包皮的環較小　沾黏

重點知識

男性的生殖器官

精液的成分

★何謂精液？

精液也稱爲射精液，百分之90以上是**精漿**液體成分，剩下的則是固體成分的**精子**以及其他混合的液體。

1次射精的精液量，會因爲禁慾時間、年齡等的不同而不同，平均爲3.5毫升。

其中含有2～5億個精子。

★精子的壽命

精子由睪丸誕生，經由副睪→輸精管，最後儲藏輸精管膨大部。如果沒有排泄到體外，壽命約9週。

排泄到體外後，在2～3天內就會死亡。

★各種精液的特徵

精漿大部分來自**精囊**和**前列腺**的分泌液，其中也摻雜了少許來自副睪、輸精管、尿道球腺的分泌液。

剛排泄到體外的精液呈弱鹼性，會凝固成膠狀，在20～30分鐘內會溶解爲液狀。

弱鹼性的原因是精子比較容易活動。

會令人聯想到罌粟花特有臭味的成分，稱爲精胺，一旦接觸到空氣中的氧就會變質。

重點知識

男性的生殖器官

男性性慾的特徵

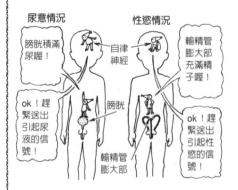

睪丸在男性還是小學生時就開始製造精子。

在就讀中學或高中的年紀時，精子生產非常旺盛，副睪或輸精管的膨大部塞滿精子。

……當膀胱積存一定尿量時，接受此情報的自律神經就會產生尿意。

當膀胱積滿尿時，就會想排尿。

……性慾也是相同的情況。

副睪或輸精管膨大部積滿精子時，自律神經會發揮作用，產生一種想將精子排泄到體外的慾望。

這就是性慾的眞相。

當充滿精子，排泄的慾望高漲到無法忍受時，就稱爲「**男性型的主動性慾**」。

重點知識

男性的生殖器官

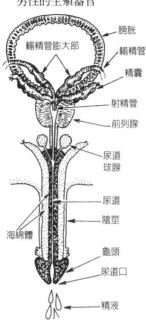

- 膀胱
- 輸精管膨大部
- 輸精管
- 精囊
- 射精管
- 前列腺
- 尿道球腺
- 尿道
- 陰莖
- 海綿體
- 龜頭
- 尿道口
- 精液

何謂射精？

射出精液稱爲射精，一般按照以下的順序進行。

❶陰莖的勃起 一旦性興奮時，陰莖軟的海綿體組織就會流入大量的血液，形成充血狀態而膨脹變硬。

❷尿道球腺準備活動 尿道球腺分泌鹼性的黏液，使尿道變成鹼性。同時尿道口也會有少量的黏液，當成龜頭的潤滑劑。

❸ 龜頭的刺激 一般而言，連續刺激龜頭就會使性興奮到達極限。

❹射精 在此瞬間，輸精管膨大部的肌肉強力收縮，射出精子。同時精囊和前列腺也強力收縮，射出精漿（精子與精漿混合的液體就稱爲精液）。

這個收縮如波浪般進行。包住尿道的肌肉，也會受到肌肉收縮的影響，從龜頭的前端將精液用力射出。

……射精結束後，興奮停止，血液消退，陰莖又恢復原先的粗細與軟硬。

重點知識

男性的生殖器官 # 何謂夢遺、遺精與自慰？

陰莖的勃起、射精，主要是藉著自律神經的作用產生，無法完全靠自己的意志控制。

而且即使年輕男性，利用某種方法將精子排泄到體外，睪丸生產精子的機能依然旺盛，平均22小時後會再次積滿精子，產生想要排泄的慾望。

將精子排泄到體外的方法 {
⇒**夢遺**
⇒**遺精**
⇒**自慰**
⇒(性交)
}

一般排泄精子的方式有以下三種：

❶夢遺 在睡覺時自律神經發揮作用而射精。此種構造就好像尿床般。

❷遺精 因爲某些關鍵而射精，構造與小便類似。

❸自慰 自己刺激陰莖而引起射精。

……這些都是精子生產健全的結果，是一種自然的生理現象，不可以將它視爲有害身體的現象。

重點知識

男性的生殖器官

排泄到女性陰道內的精子之旅

★精子平時之旅

❶ 男性的精液進入女性陰道深處時，就是精子之旅的出發點。

❷ 精子由精液得到營養，展現旺盛的活力。但是因為陰道內的分泌物是酸性的，所以很容易死亡。

❸ 一部分的精子入侵到子宮口，但是因為子宮頸管有很黏的分泌液，因此無法通過。

★排卵日或是排卵日之前的精子之旅

❶ 接近排卵日時，陰道分泌液變成鹼性，子宮頸管分泌液的黏性也會消失，變成像水般。

❷ 精子具有逆流而上的性質，所以

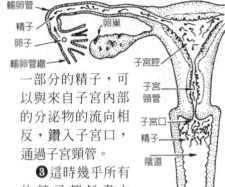

一部分的精子，可以與來自子宮內部的分泌物的流向相反，鑽入子宮口，通過子宮頸管。

❸ 這時幾乎所有的精子都耗盡力量，陸續死亡。但是只有強健的精子可以深入輸卵管深處，等待卵子送達（以下參照下段）。

重點知識

男性的生殖器官

精子與卵子在輸卵管中的相遇

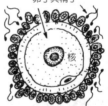

卵子與精子

★何謂受精？

❶ 由卵巢排出的卵子，被引導到輸卵管，在那兒等待精子的接近。

❷ 其中只有1個精子的頭可以接觸卵子膜。在此瞬間，兩者的成分產生化學變化，只有

精子核可以擠入卵子的內部。

（下圖是說明圖。關於精子的說明，請參照188頁上段的說明。）

❸ 按照以上順序完成受精。

❹ 在受精的瞬間，卵子的周圍形成硬膜，防止其他的精子進入。

★卵子之旅

然後，受精卵開始到達子宮之旅。關於此狀況，請參照206頁的敘述。

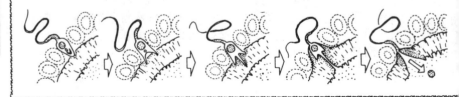

重點知識

男性的生殖器官

陰囊伸縮的理由

★睪丸製造精子的溫度

睪丸中的曲精細管可以製造精子，此處的溫度比體溫稍低較好。

如果溫度太高或太低，都會阻礙製造精子的機能。

★陰囊調節溫度的功能

人體所有的器官，都具有非常棒的安全構造。舉例來說，陰囊的皺襞，對於調節睪丸溫度具有很重要的作用。

陰囊平常的皺襞是拉長的，睪丸垂掛下來，調節成不容易傳達體熱的狀態。

而汗腺會分泌汗等，使得睪丸冷卻。

太冷時，陰囊的肌肉或皮膚的皺襞會收縮，將睪丸往上抬，與下腹部緊密貼合，較容易傳達體熱。

★其他的安全功能

遇到緊張事態時，自律神經發揮作用，會將睪丸往上吊，免於外界的危險入侵。

【參考】

通常左側的睪丸稍微下降。

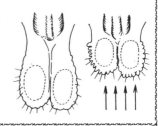

重點知識

男性的生殖器官 # 精液不會逆流至膀胱的理由

★尿的排泄構造

❶膀胱壁有排尿肌，是由縱肌與環肌構成。排尿時，這些肌肉會收縮而排出尿。

❷同時，膀胱出口的括約肌鬆弛，使尿排泄出來。

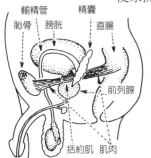

輸精管　精囊
恥骨　膀胱　直腸
前列腺
括約肌　肌肉

❸排尿結束後，括約肌收縮，緊閉出口，讓尿再次儲存於膀胱中。

★括約肌的構造

括約肌具有兩段式的構造。

膀胱側的內括約肌，是由活動遲鈍的平滑肌構成。而在前方的外括約肌，則是由活動迅速的橫紋肌構成。

想要排尿時，不會立刻產生尿，就是因為平滑肌張開較遲緩的緣故。在中途想要停止排尿，尿卻能夠瞬間停止的原因，就是因為橫紋肌能夠瞬間收縮，關閉尿道的緣故。

★精液不會逆流到膀胱處的理由

上述兩種括約肌，平時是緊閉著，因此精液只會朝沒有關閉的尿道處前進。

重點知識

男性的生殖器官

男性荷爾蒙與女性荷爾蒙的平衡

【注意】男性荷爾蒙與女性荷蒙的內容，請參照160～161頁的敘述。

★男性女性化的原因

男性由睪丸的間質細胞分泌大量的男性荷爾蒙。而副腎皮質會分泌少量的男性與女性荷爾蒙。

健康人的肝臟會分泌女性荷爾蒙，則肝臟病的人此機能較弱。

所以女性荷蒙積存，乳房膨脹。不會長鬍鬚，而且聲音像女人一樣。

摘除睪丸或是副腎皮質得了特別腫瘤時，也會出現女性化的現象。

★女性男性化的原因

女性的卵巢會分泌大量的女性荷爾蒙，也會由卵巢或副腎皮質分泌少量的男性荷爾蒙。

但是如果卵巢、副腎和睪丸一樣產生腫瘤時，造成男性荷爾蒙過剩，就會引起男性化現象。

換言之，肌肉壯碩、聲音變得像男性低沉，手腳和臉會長很多黑毛，而且停止月經。

只要動手術摘除腫瘤，又會再度變得女性化，恢復原狀。

……總之，只要荷爾蒙分泌的比例不混亂，則男性像男性，女性也可以保持女性的柔美。

重點知識

男性的生殖器官

免於睪丸受到外界衝擊的方法

★睪丸的發生

在進入本題之前，先簡單敘述一下睪丸的發生。

胎兒的生殖器，在成長1個月時還沒什麼差異，但是過50天後，就會有男女的變化。

換言之，原生殖巢變成睪丸，2個月後開始下降，到出生日之前則收藏在陰囊中。

★睪丸的防禦法

像格鬥比賽等，如果睪丸受到撞擊時，甚至會痛到生不如死的地步。

所以相撲力士們，會將睪丸收藏在下腹中，避免受到撞擊。

只要在出生之前，將睪丸送到弓形恥骨下側的陷凹處就可以了。

1個月大的胎兒　2個月大的胎兒　剛出生後　　恥骨　　成人

男性

原生殖巢

女子

女性的生殖器官

女性生殖器官的概要(1)

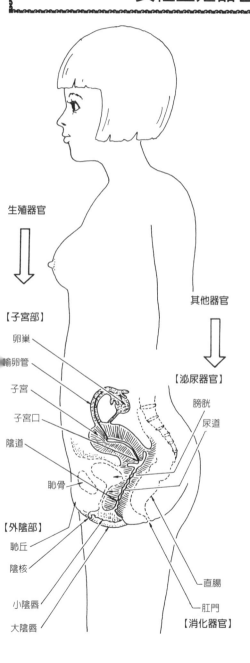

生殖器官

⬇

其他器官

【子宮部】

卵巢

輸卵管

子宮

子宮口

陰道

恥骨

⬇

【泌尿器官】

膀胱

尿道

【外陰部】

恥丘

陰核

小陰唇

大陰唇

直腸

肛門

【消化器官】

女性生殖器官的最大特徵，就是所有的器官全都在身體中。

這些概要可以分爲子宮部與外陰部來說明。

★子宮部的概要

女性從小學高學年級到中學稱爲青春期。這時腦傳達信號，變成如成人般的體型。

❶**卵巢** 卵巢左右共1對，一旦成熟時，以每個月爲週期，將1個卵子交互排出。

這就是「排卵」。

❷**輸卵管** 排出的卵子被吸入類似青蛙手指形狀的輸卵管纖中。

在輸卵管中慢慢朝的子宮前進。

如果這時男性釋放出來的精子游到此處成爲合體時，就稱爲「受精」。

❸**子宮** 受精後的卵子逐漸成熟，並朝子宮前進。

子宮在血液循環非常良好之處，內側膜又厚又軟，就好像床一般。

換言之，受精的卵子能夠在此舒適的床上著床，吸收大量的營養而成長。

……但是沒有受精時，卵子就會通過子宮排出體外，同時破壞準備好的床。

而這時子宮床聚集很多毛細血管，流入大量的血液，遭到破壞

總合知識

女性的生殖器官 **女性生殖器官的概要(2)**

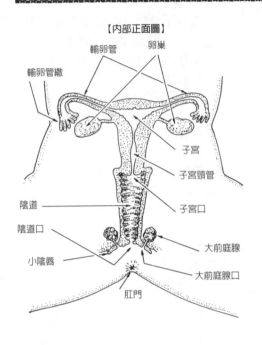

【內部正面圖】

輸卵管　卵巢

輸卵管繖

子宮

子宮頸管

陰道

子宮口

陰道口

小陰唇

大前庭腺

大前庭腺口

肛門

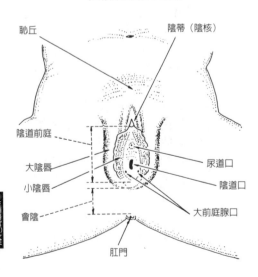

【外陰部正面斜下方圖】

恥丘　　　　　陰蒂（陰核）

陰道前庭

大陰唇

小陰唇

尿道口

陰道口

會陰

大前庭腺口

肛門

時就會出血。

此種出血就是女性「月經」的眞相。

❹**陰道**　此處可以接受男性所釋放出的精子。

釋放出的精子中，一部分鑽入深處的子宮口，朝輸卵管游去。

★**外陰部的概要**

外陰部是指從外部可見的生殖器官的總稱，分爲以下部分（此外，在青春期時，從大陰唇的外側到恥丘會長出倒三角形的陰毛）。

❶扁平皺襞狀的部分稱爲小**陰唇**。圍繞小陰唇的內部稱爲**陰道前庭**。

❷陰道前庭除了有**尿道口**、**陰道口**外，陰道口的左右有兩個**大前庭腺**分泌物的出口。

❸陰道前庭上緣有**陰蒂**（陰核）。

這個陰蒂相當於男性性器龜頭的部分。

❹小陰唇的外側形成溝，外側膨脹部分稱爲**大陰唇**。

陰蒂上方覆蓋恥骨的脂肪層，所形成的膨脹處稱爲恥丘。

❺陰道前庭的一端與肛門之間稱爲**會陰**。

重點知識

女性的生殖器官

大陰唇的構造與作用

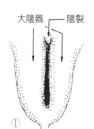

大陰唇　陰裂

小陰唇　陰蒂

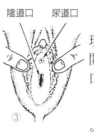

陰道口　尿道口

① ② ③

用雙手扳開大陰唇，會出現陰蒂和小陰唇（圖②）。撥開小陰唇時，會見到尿道口、陰道口等（圖③）。

★大陰唇的作用

大陰唇軟而膨脹，具有緩衝的作用。而裡面的脂肪，在緊急時可以當成熱量源使用。

陰蒂側有很多的脂腺與汗腺，會分泌吸引男性氣味的黏液。

★大陰唇的構造

到青春期時，大陰唇會儲藏脂肪而逐漸膨脹，而且皮膚形成皺襞。

中央的裂縫稱爲陰裂。脂肪層越發達的人，此縫隙就越小（圖①）。

但是脂肪層不發達的兒童或是生產過的人，可以從縫隙間見到裡面的情況。

這裡是熱量儲藏所喔！

重點知識

女性的生殖器官

小陰唇的構造與作用

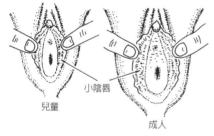

小陰唇

兒童

成人

平均來說，在幼兒期較小，到青春期時則會發達增大。

皺襞狀的皮膚中，有分泌皮脂（滋潤皮膚的脂肪）的脂腺。

★小陰唇的作用

小陰唇不論是兒童或成人（除了多產的婦女以外），通常都是閉攏的。

如此才能防止外界的細菌侵入尿道口或陰道口。

★小陰唇的構造

小陰唇與大陰唇之間隔著深溝，其內側左右有兩片，由皮膚形成的皺襞。

形狀與大小因人而異。此外，有的人到青春期時會突然發達，因人而異，各有不同。

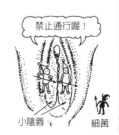

禁止通行喔！

小陰唇　細菌

重點知識

女性的生殖器官 # 陰蒂（陰核）的構造與作用

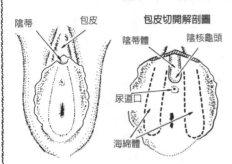

陰蒂　包皮

包皮切開解剖圖

陰蒂體　陰核龜頭

尿道口

海綿體

★陰蒂的構造

用手術刀劃開包住陰蒂的包皮時，會發現陰蒂成呈現棒狀，其頭特別稱為陰蒂龜頭。

看到此處相信大家已經察覺到，此處與男性性器的陰莖非常類似。

而且陰道口兩側的深處，收藏著與陰莖中的海綿體相同的物質（此理由請參照欄外的參考）。

★陰蒂的作用

男子在性興奮時，海綿體與龜頭的靜脈會流入大量的血液而膨脹，女性也會出現同樣的現象。

尤其是陰蒂龜頭，與男性龜頭一樣對刺激敏感，也會引起性的快感。

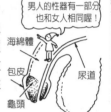

男人的性器有一部分也和女人相同喔！

海綿體

包皮

尿道

龜頭

【參考】血液流入海綿體，會使海綿體充血，外陰唇膨脹，具有緩和來自外部衝擊的作用。

重點知識

女性的生殖器官 # 陰道前庭的構造與作用

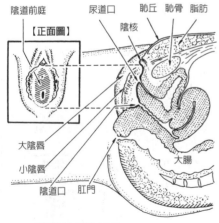

陰道前庭

【正面圖】

尿道口　恥丘　恥骨　脂肪

陰核

大陰唇

小陰唇

陰道口　肛門

大腸

★陰道前庭的構造

圍繞小陰唇的部分（正面圖的斜線部分），稱為陰道前庭或陰道前底。

陰道前庭的特徵，就是從側面觀之，有如船底般的陷凹處。

★陰道前庭有陷凹處的理由

昆蟲、鳥類、野獸等，是由雄性動物將性器插入雌性的性器中，釋放出精子進行繁殖。

這些動物不能使用手，因此雌性動物的性器形成讓雄性動物性器容易插入的形狀。

而人類的祖先也是動物的同類，因此殘留此機能，讓女性的陰道口有容易插入的構造。

蜻蜓的結婚典禮呢！

重點知識
女性的生殖器官

陰道前庭的孔

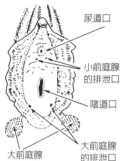

尿道口

小前庭腺
的排泄口

陰道口

大前庭腺
的排泄口

大前庭腺

★**陰道前庭有幾個孔呢？**

總共有六個開口。

由上往下依序是尿道口、1 對小前庭腺的排泄口、陰道口、1 對大前庭腺的排泄口，總計有六個。

★**小前庭腺作用**

這個腺並沒有任何作用，但是卻有兩個小孔，淋菌會在此處繁殖。

★**大前庭腺的作用**

一旦性興奮時，此腺就會分泌淡乳白色的黏液，滋潤陰道口周圍。

以動物為例，類似潤滑油的作用，可以使雄性動物的性器順利插入雌性動物的性器中。

這裡也是小原蟲陰道滴蟲容易繁殖的場所。

【注意】女性不要坐在浴缸邊緣。

不可以坐在浴缸邊緣喔！

重點知識
女性的生殖器官

恥丘與會陰的作用

★**恥丘的作用**

女性到了青春期時，恥骨的前端部分會因脂肪層發達而膨脹。

這個脂肪與臀部的脂肪相同，都是儲藏熱量源之處。

到達生產年齡時，可以藉此儲備體力，增加抵抗力。

（關於陰毛請參照次頁）

★**會陰的作用**

會陰在陰道前庭與肛門之間，女性的長度只有 3～5cm，像橡皮般具有彈性。

因此在生產時，可以切開此部分讓胎兒的頭容易擠出。

【注意】擦屁股時由前往後擦拭，是為了避免感染到肛門的雜菌。

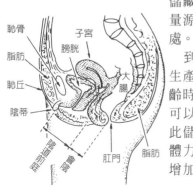

恥骨

子宮

脂肪

膀胱

恥丘

大腸

陰蒂

肛門

脂肪

擦屁股要由前往後擦喔

重點知識

女性的生殖器官

陰毛不同的生長方式

★普通的生長方式

到青春期時，恥丘（前頁下段）或是大陰唇會長陰毛。

如果上邊是底邊時，陰毛通常會形成倒的等腰三角形。

會陰或肛門周圍很少長陰毛。

★男性型的生長方式

若上邊並不是水平，整體而言呈現菱形，則屬於「男性型的發毛」。

這時毛較濃，不光是會陰，連肛門周圍都會長毛。

原因可能是外陰部發育不完全，或是副腎分泌的男性荷爾蒙失調造成的。

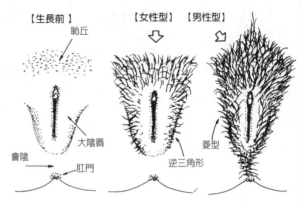

【生長前】 恥丘
大陰唇
會陰
肛門

【女性型】 逆三角形

【男性型】 菱型

重點知識

女性的生殖器官

女性為何容易得尿道炎

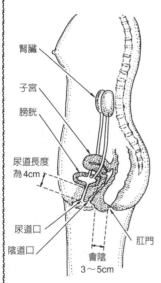

腎臟
子宮
膀胱
尿道長度為4cm
尿道口
陰道口
會陰 3～5cm
肛門

★尿道炎與其同類的疾病

一旦細菌等從尿道口入侵，感染尿道時，就會引起尿道炎。當繁殖勢力增強時，甚至會感染膀胱，引起膀胱炎；感染腎臟，造成腎盂炎。

★女性容易得此種疾病的理由

男性肛門與尿道口之間的距離很遠，女性由於會陰長只有3～5cm，因此容易受到肛門雜菌的感染。

男性的尿道平均有20cm，而女性只有4cm，因此一旦罹患尿道炎時，就容易變成膀胱炎。此外，陰道前庭有六個開口，因此很容易使感染擴散。

男子的尿道為女性的5倍長喔！

生殖器官(2)女性

重點知識

女性的生殖器官

何謂處女膜？

★處女膜的構造

處女膜就像陰道口的門一般。

表面由黏膜組織所構成，會分泌少許的黏液。裡面有靜脈，一旦破裂時會出血。

★處女膜的作用

以犬為例來說明。

沒有懷孕能力的幼小母犬，其陰道口是由強韌的處女膜緊緊的保護著。

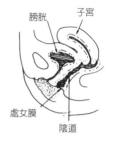

即使想和成熟的公犬交尾，也很難能將性器插入。

人類也是相同的情形。換言之，兒童或是少女的處女膜，具有阻礙性器插入陰道口的作用。

但是到青春期時，女性的處女膜逐漸變得容易破裂。

因此即使沒有性經驗，進行劇烈運動時也可能破裂。

  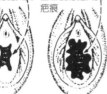

未破裂的處女膜　破裂的處女膜　生產後的處女膜疤痕

重點知識

女性的生殖器官

處女膜的形狀

一言以蔽之，處女膜的厚度與強度，具有很大的個人差，形狀也因人而異，不過大致可以分為以下的形狀。

★處女膜的主要形狀

通常處女膜在膜的某處會有開孔，具有陰道出口的作用。

在膜的中央處開口的，稱為環狀處女膜。

此外，有很多小孔的稱為篩狀處女膜。正中央以細長的孔來分隔的，則稱為中膈處女膜。

★閉鎖處女膜

但是較罕見的就是處女膜完全堵住陰道口。

這時即使有月經，也因為陰道沒有出口，讓血液停留在陰道內。

治療法十分簡單，輕易即可治癒。

環狀處女膜　　篩狀處女膜　　中膈處女膜　　閉鎖處女膜

重點知識

女性的生殖器官

陰道的構造與作用

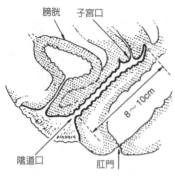

膀胱　子宮口

8～10cm

陰道口　肛門

★陰道的構造

陰道是在深處與子宮相連的管狀器官，管子內部長度成人約爲8～10cm，有發達的黏膜組織。一旦引起性興奮時，黏膜就會分泌液體。

年輕人會有很多的橫皺襞，但是隨著生產次數增加或是年長後，就會失去皺襞而變得平滑。

【俯瞰圖】

子宮

陰道部

子宮口

陰道皺襞

陰道口

★陰道的作用

陰道具有兩種重要的作用。第一種就是成爲月經或是生產的出口。

另一種就是接受精子的作用。以動物爲例，雄性動物將性器插入，在陰道深處的子宮口附近釋放出精子。

重點知識

女性的生殖器官

陰道的自淨作用

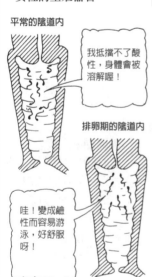

平常的陰道內

我抵擋不了酸性，身體會被溶解喔！

排卵期的陰道內

哇！變成鹼性而容易游泳，好舒服呀！

★陰道中分泌液的自淨作用

到青春期時，由卵巢分泌卵泡素。此種荷爾蒙，會將糖原營養儲藏於陰道壁的組織內。

儲藏的糖原，會被侵襲在陰道內特別的細菌分解爲乳酸，使陰道呈現酸性，防止壞細菌的繁殖。

★懷孕女性陰道的自淨作用

懷孕時卵巢功能停止，但是胎盤會分泌大量的卵泡素，增加儲藏的糖原（肝糖）量。同時製造出更多的乳酸，增強自淨作用。

【參考】陰道內的PH值　通常保持陰道酸性的內容物，會在排卵期時增加PH值成爲鹼性，讓喜歡鹼性的精子更容易活動。

重點知識

女性的生殖器官

輸卵管的作用

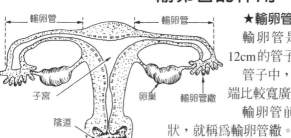

輸卵管　輸卵管

子宮　卵巢　輸卵管繖

陰道

★輸卵管的形狀與大小

輸卵管是在子宮左右延伸 10～12cm 的管子。

管子中，越接近子宮處越狹窄，前端比較寬廣。

輸卵管前端，擴張為類似手套形狀，就稱為輸卵管繖。

輸卵管繖前端有小洞，可以吸住由卵巢釋放而出的卵子。

★輸卵管的作用

一言以蔽之，輸卵管就是將卵子運送到子宮的通路。

排卵後的卵子，被輸卵管繖前端吸住，在輸卵管寬廣部受精時，會不斷鑽往陰道狹窄處前往子宮，在那兒生長。

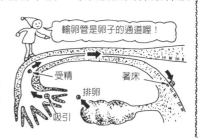

輸卵管是卵子的通道喔！

受精　著床

排卵

吸引

重點知識

女性的生殖器官

卵子被送達子宮的構造

卵子　輸卵管

氈毛細胞　分泌細胞

內壁上端

★輸卵管的構造

管中是由氈毛細胞與分泌細胞兩種組織構成。

用顯微鏡觀察氈毛細胞時，會發現它是由不斷擺盪，類似胎毛般的物質聚集而成。

分泌細胞則是分泌黏液的組織，會在卵子通過時，產生大量的液體，使卵子容易通過。

★卵子被送達前端的構造

氈毛不斷朝向子宮方向擺盪，而卵子則被由分泌細胞分泌的黏液包住，慢慢被送往子宮處。

【氈毛運動的說明圖】

卵子　氈毛

氈毛好像隨風搖擺般，推著卵子向前移動！

【參考】輸卵管壁有環肌與縱肌，會進行緩慢的蠕動運動，具有將卵子慢慢送達子宮的作用。

重點知識

女性的生殖器官

輸卵管內的受精

★「精子之旅」

釋放到陰道內的一部分精子，好像蝌蚪般游泳，從子宮入口進入輸卵管中。

★「卵子之旅」

另一方面，由卵巢釋放出來的卵子，則被吸入輸卵管中，朝著與精子相反的方向慢慢的朝子宮前進。

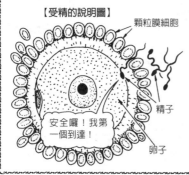

【受精的說明圖】

顆粒膜細胞

安全囉！我第一個到達！

精子

卵子

引起受精的區間

精子的通道

卵子

卵子的通道

卵巢

子宮

陰道

★精子與卵子的相遇

卵子是由顆粒膜細胞緊緊保護著。但是很有元氣的精子卻會突破此種細胞，鑽入裡面，完成了受精。

重點知識

女性的生殖器官 # 輸卵管內的「受精卵之旅」

★受精與遺傳的構造

受精之前的卵子，是只擁有來自母親的基因的1個細胞。

這個卵子，遇到擁有來自父親基因的精子，兩者受精時，就會使擁有父母基因的這個細胞分裂爲兩個。

★「受精卵之旅」

分裂爲兩個的細胞，藉著輸卵管的氈毛運動，慢慢的送達子宮，同時反覆分裂。

花了4天的時間，變成胞胚的狀態，在柔軟的子宮著床。

★未受精的卵子的去處

同樣會被送到輸卵管，等到下次月經出血時一起排出體外。

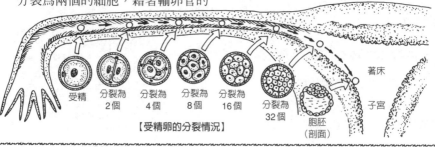

受精

分裂為2個

分裂為4個

分裂為8個

分裂為16個

分裂為32個

胞胚（剖面）

著床

子宮

【受精卵的分裂情況】

重點知識
女性的生殖器官

卵巢的構造

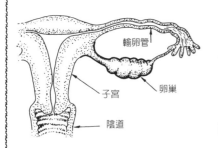

輸卵管

子宮

卵巢

陰道

★卵巢的大小與位置

卵巢如成人的拇指般大，在子宮左右各垂掛一個。

★卵巢的構造

人類的蛋稱為「卵子」。

卵子被收藏在卵巢中稱為「卵泡」的圓形袋中，肉眼見不到。

【卵巢構造圖】

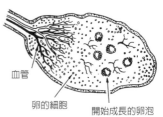

血管

卵的細胞

開始成長的卵泡

在迎向青春期的少女時期，一生共有16000個卵泡左右。

這些小卵泡，一旦接受來自大腦下方垂體送來的促卵泡激素時，立刻就會開始成長。

……卵泡成長的情況請參照下段。

重點知識
女性的生殖器官

卵泡成長的情況

分泌卵泡素

分泌黃體素

卵泡　卵泡腔　1～1.5cm　卵子

未成熟卵子　成熟卵子　排卵　變化為黃體　成熟黃體　黃體消滅 ➡

★卵泡的成熟與排卵的構造

接受促卵泡激素的卵泡，其中幾個同時開始成長，分泌卵泡素這種雌激素，送入子宮或乳房，促進子宮、乳房發達。

約2週後，成長最快速的成熟卵泡膜破裂，釋放出卵子。

這就是所謂的「排卵」。而其他一起成長的卵泡，會因為沒有作用而消失。

★黃體的作用

排卵後卵泡殘留的部分，會變成黃體物質，一邊成長，一邊分泌黃體素送入子宮。

但是黃體大約2週就會消滅，結束1個月經的週期。

女性的生殖器官

排卵與荷爾蒙的關係

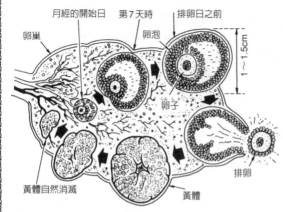

月經的開始日　第7天時　排卵日之前

卵巢

卵泡

1～1.5cm

卵子

排卵

黃體自然消滅

黃體

卵泡一邊急速成長，同時分泌雌激素荷爾蒙（卵泡素）。

接受此荷爾蒙的子宮，開始製造柔軟的床，讓卵子可以順利著床。

★排卵的命令

卵泡大約在2週內成熟，卵泡素的分泌量急速增加。

以此為信號，垂體會急速增加「黃體生成激素」的分泌量。

這就是對卵泡的排卵命令，使其立刻排卵。

★對於子宮的2度命令

排卵後的卵泡殘留部分，變成黃體物質，分泌黃體素。

接受此荷爾蒙的子宮，為了讓受精卵著床，因此備妥舒適的床。

★準備開始排卵的命令

排卵的準備，是由大腦下方的垂體與卵巢，送入「促卵泡激素」而開始的。

接受此種荷爾蒙後，卵巢中的卵泡開始急速成長。

★送達子宮的命令

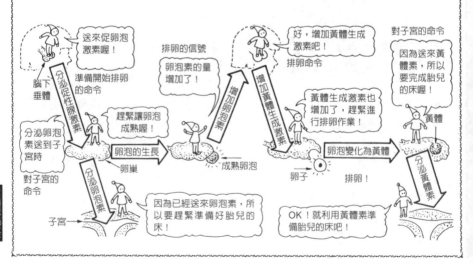

送來促卵泡激素喔！

排卵的信號

卵泡素的量增加了！

好，增加黃體生成激素吧！

排卵命令

對子宮的命令

因為送來黃體素，所以要完成胎兒的床喔！

腦下垂體

分泌促性腺激素

準備開始排卵的命令

增加卵泡素

增加黃體生成激素

黃體生成激素也增加了，趕緊進行排卵作業！

黃體

分泌卵泡素送到子宮時

趕緊讓卵泡成熟喔！

卵泡的生長

卵巢

成熟卵泡

卵泡變化為黃體

分泌黃體素

對子宮的命令

分泌卵泡素

卵子

排卵！

子宮

因為已經送來卵泡素，所以要趕緊準備好胎兒的床！

OK！就利用黃體素準備胎兒的床吧！

女性的生殖器官

子宮的構造

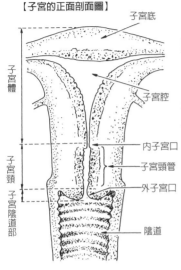

【子宮的正面剖面圖】

子宮底

子宮體

子宮腔

子宮頸

內子宮口

子宮頸管

外子宮口

子宮陰道部

陰道

★子宮的構造

子宮分爲三部分，有最深的子宮底，入口附近的子宮頸，以及夾著陰道的子宮陰道部。

★子宮體的構造

最深處的部分稱爲子宮底。在此處成爲底邊時的等腰三角形的空間稱爲子宮腔，到達此處的細入口稱爲內子宮口。

★子宮頸的構造

子宮內口外，有稱爲子宮頸管的皺紋狀的管，也有分泌黏液的分泌腺。

在排卵時期，此處分泌的黏液量會增加，幫助精子通往深處。

★子宮陰道部的構造

也稱爲子宮外口，是另一個口。

女性的生殖器官

子宮的作用

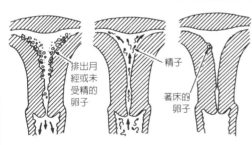

排出月經或未受精的卵子

精子

著床的卵子

子宮大致有以下四種作用：

★排出月經 第1個就是引起月經出血，讓未受精的卵子與血液一起排出體外。

★精子的通路 第2就是帶領由子宮口侵入的精子，通往輸卵管（引起受精的場所）的作用。

★受精卵的著床 第3就是讓受精卵子到達子宮壁，補給營養，使其成長。

★胎兒的成長 一旦懷孕時，「子宮體」（參照上圖）成爲溫柔包住胎兒的睡袋。

胎兒長大後，子宮就好像皮球般膨脹，讓胎兒可以從胎盤得到營養，持續成長。

胎兒長大時，子宮也會增大。

子宮

女性的生殖器官

子宮的正確位置

【子宮的側面剖面圖】

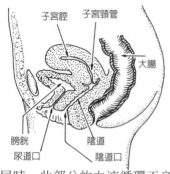

子宮腔　子宮頸管
大腸
膀胱　陰道
尿道口　陰道口

★子宮位置正確的人

子宮的正確位置是指對陰道的方向而言，子宮頸往前傾斜70度（前傾），而子宮體往前傾斜60度（前屈），大致保持水平的狀態。

★子宮位置不正確的人

子宮過度前屈、後傾或後屈時，此部分的血液循環不良，有可能罹患某些疾病。

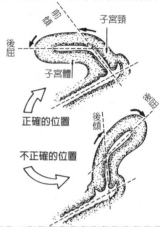

橫剖　子宮頸
後屈
子宮體
正確的位置

後傾　後屈
不正確的位置

【病例】月經過多、月經困難症、分泌物增加、下腹痛、腰痛、頭痛、肩膀酸痛、失眠症、不孕症、便秘等。

女性的生殖器官

子宮頸管的作用

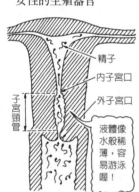

精子
內子宮口
外子宮口
子宮頸管
液體像水般稀薄，容易游泳喔！

位於子宮入口的子宮頸管具有以下兩種作用。

★幫助精子通過

平時子宮頸管分泌的液體黏性很強，因此由子宮朝向輸卵管的精子，根本無法游泳通過此處。

但是接近排卵日時，則會大量分泌像水般稀薄的液體，充滿陰道之內。

精子有逆流而上的習性，所以很有元氣的朝深處挺進。

★如栓子的作用

進入懷孕期時，子宮頸管周圍的肌肉，會發揮類似冰枕栓子的作用。當此肌肉鬆弛時，子宮中的袋子會破裂，羊水流出，導致早產。

頸管類似冰枕栓的作用喔！
子宮頸管

重點知識
女性的生殖器官

子宮的構造

【子宮側面剖面圖】

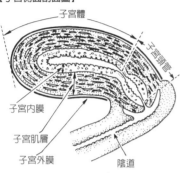

子宮的剖面，分爲子宮外膜、子宮肌層、子宮內膜三層。

★**子宮外膜** 子宮外膜包住子宮體的外側，和肌層都是保護胎兒的袋子。

★**子宮肌層** 子宮壁大部分的厚度都是由發達的肌肉層構成的。

【子宮內膜放大圖】

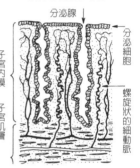

★**子宮內膜** 子宮內膜是受精卵的溫床，有發達的分泌腺。爲了讓受精卵容易著床，因此會分泌黏黏的分泌液。

此外，爲了供應子宮內膜豐富的營養，因此有螺旋狀的動脈分布，讓血液源源不絕。

重點知識
女性的生殖器官

荷爾蒙引起子宮的變化

★**卵泡增殖期的子宮變化**

排卵前的子宮內膜，卵泡會分泌雌激素（卵泡素）刺激子宮內膜，因此血管和分泌腺發達，增加厚度。

★**黃體素分泌期的子宮變化**

排卵後的子宮內膜，受到黃體分泌的黃體素刺激，血管和分泌腺更爲發達增厚，讓受精卵容易著床。

★**經期的子宮變化**

黃體消失，黃體素停止分泌，中斷補給荷爾蒙的子宮內膜無法保住組織，因此剝落，形成月經出血。

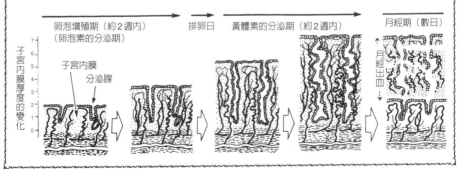

重點知識

女性的生殖器官 **子宮、卵巢的週期與總結**

　　子宮與卵巢大約以4週內（28日）為1週期展現活動，每個月反覆進行。

　　正確控制此週期的是接受來自大腦「丘腦下部」的命令，而分泌荷爾蒙

的「垂體」。

　　腦垂體分泌的「促卵泡激素」與「黃體生長激素」，如下圖所示，使卵巢內的卵泡與子宮，每個月反覆一定的活動。

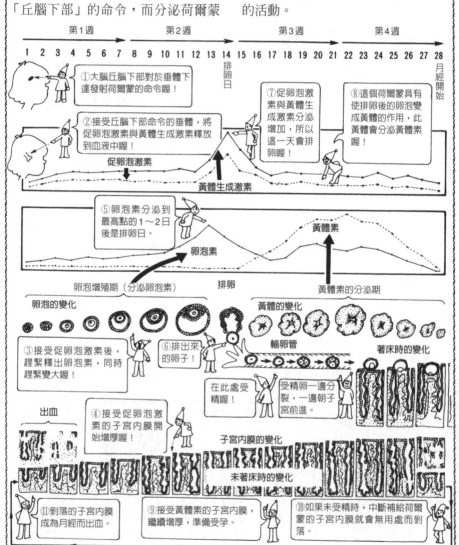

第1週　　第2週　　第3週　　第4週

1 2 3 4 5 6 7 8 9 10 11 12 13 14 15 16 17 18 19 20 21 22 23 24 25 26 27 28

排卵日

月經開始

①大腦丘腦下部對於垂體下達發射荷爾蒙的命令喔！

②接受丘腦下部命令的垂體，將促卵泡激素與黃體生成激素釋放到血液中喔！

促卵泡激素

黃體生成激素

⑦促卵泡激素與黃體生成激素分泌增加，所以這一天會排卵喔！

⑧這個荷爾蒙具有使排卵後的卵泡變成黃體的作用，此黃體會分泌黃體素喔！

⑤卵泡素分泌到最高點的1～2日後是排卵日。

卵泡素

黃體素

卵泡增殖期（分泌卵泡素）

排卵

黃體素的分泌期

卵泡的變化

黃體的變化

③接受促卵泡激素後，趕緊釋出卵泡素，同時趕緊變大喔！

⑥排出來的卵子！

輸卵管

著床時的變化

在此處受精喔！

受精卵一邊分裂，一邊朝子宮前進

出血

④接受促卵泡激素的子宮內膜開始增厚喔！

子宮內膜的變化

未著床時的變化

⑪剝落的子宮內膜成為月經而出血。

⑨接受黃體素的子宮內膜，繼續增厚，準備受孕。

⑩如果未受精時，中斷補給荷爾蒙的子宮內膜就會無用處而剝落。

重點知識

女性的生殖器官

青春期的開始

★進入青春期的關鍵「丘腦下部」

大腦中樞部的「丘腦下部」具有生理時鐘，在11～13歲時，會將信號送達垂體。

這個信號，是將特別的荷爾蒙分泌到與「垂體」之間相連的血管中。

★將信號傳達到卵巢的「垂體」

接受此信號的「垂體」趕緊展開活動，分泌「促卵泡激素」與「黃體生成激素」流入血管中。

由「卵巢」接受此兩種荷爾蒙。

卵巢在少女期前完全不發達，接受此荷爾蒙後開始成長，使少女的肉體朝向青春期發展。

【參考】詳情請參照內分泌腺篇的161頁。

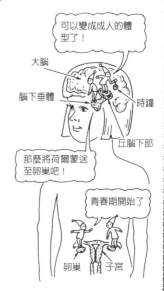

重點知識

女性的生殖器官

青春期身體的變化

接受促卵泡激素的卵泡（卵巢中包住卵子的細胞），能夠發育而不斷成長，同時將雌激素（卵泡素）分泌至血液中。

★體型的改變

將卵泡素送入身體的組織中後，首先乳房會膨脹，接著長陰毛，皮下有脂肪附著，骨盆變大，體型變得美麗。

★外陰部的變化

恥丘或大陰唇有脂肪附著、膨脹，陰蒂發達肥大，陰道內壁的皺襞發育變長、變寬，分泌液中會出現特別的細菌而製造乳酸，使內部保持酸性。

★體內生殖器的改變

子宮（尤其是子宮體）也會變大，扭曲的輸卵管會變直且變大。

少女的身體會成長為成熟女性的體型。

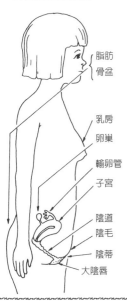

重點知識

女性的生殖器官

乳房的構造

幼兒期　青春期　成人期

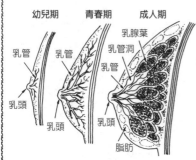

乳腺葉
乳管
乳管洞
乳管
乳頭
脂肪

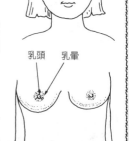

乳頭　乳暈

★幼兒、少女期的乳房

孩提時代的乳房，雖然有乳管的痕跡，但是並不會分泌乳汁。

★青春期的乳房

到青春期時，乳管伸長，乳房膨脹，但是尚未出現乳腺。

★成人的乳房

到成人時卵巢成熟，大量分泌的卵泡素會促進乳管成長，而黃體素則發育分泌乳汁的10多個乳腺葉。

乳管途中，產生暫時儲藏乳汁的乳管洞。

月經時乳房腫脹，乳頭敏感。直到排卵前乳房充血，乳暈會因為色素沉著而發黑，但是並沒有真正分泌乳汁的能力。

重點知識

女性的生殖器官

生產時會突然產生乳汁的理由

胎盤分泌卵泡素與黃體素時，不可以送出分泌乳汁荷爾蒙喔！

腦下垂體

乳腺

接受分泌乳汁荷爾蒙後，就可以分泌乳汁。

胎盤

胎兒尚未出生，不可以分泌乳汁喔！

★懷孕時沒有乳汁的理由

成人女性的乳房，藉著卵巢分泌的卵泡素與黃以荷爾蒙而逐漸發育。

懷孕時，卵巢此種作用停止，取而代之的是子宮中的胎盤，會大量分泌卵泡素與黃體素。因此接受這些荷爾蒙後，乳腺葉會不斷發育，乳房持續腫脹。

但是這時依然不具分泌乳汁的能力。

★生產後會立刻出現乳汁的理由

生產後，胎盤會隨著胎兒之後排出體外，也會停止分泌卵泡素與黃體素。

掌握此情報的垂體，會趕緊將分泌乳汁的荷爾蒙送達乳腺葉，發出『分泌乳汁』的命令。…而充分發育的乳腺葉，接受此荷爾蒙時，就會立刻開始分泌乳汁。

重點知識

女性的生殖器官

引起月經的理由與出血量

★引起月經出血的理由

月經剛結束時，子宮內膜厚度只有1mm，後來受到卵泡素與黃體素的刺激，開始增殖到達7mm厚度，做好受精卵著床的準備。

但是如果沒有受精，此兩種荷爾蒙的分泌量就會急速減少。

沒有用的子宮內膜，失去了兩種荷爾蒙的支撐，無法保住組織，所以從表面開始剝落，形成所謂的月經出血。

★經血的量

月經出血的量為50～250ml，平均為100ml，其中一半都是子宮分泌物或是內膜組織的剝落片。

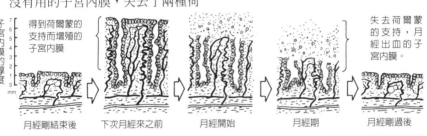

重點知識

女性的生殖器官

月經週期的天數

★正常的月經週期

從上次月經開始日算起，到下次月經開始日為止的日數，稱為「月經週期」。

月經週期以26～35日為正常範圍，國人以28日、29日、30日型居多，少數為31日、32日型。

週期不規則，無法預測下一次月經的開始日，則稱為「月經不順」。偶爾會混亂或是週期混亂的人，則不列入不順。

★正常月經出血日數

從月經開始日到結束日為止的日數，稱為「月經持續日數」。

國人以「3～5日內」最多，其次是「2～7日內」。

月經持續8日以上的人，可能有一些病因。

★正常的排卵日

月經開始的前一天，往前算起的12日（除了11日內）開始的5日內，大概就是排卵日。

重點知識

女性的生殖器官

關於月經不順

★初經期的月經不順

初經期的少女大多月經不順，可能一個月只1～2次，甚至長期持續大量出血。

這是因爲卵巢不成熟，卵泡無法每個月規律的排卵。

排卵後的卵泡會變成黃體物質，黃體會分泌黃體素，黃體素可以調節月經出血量。

所以不排卵時，就無法製造出黃體，而無法分泌黃體素，無法調節月經就會造成異常出血。

★成人期的月經不順

成人後的月經不順原因如下。

首先就是月經週期不順。當掌管其中樞的丘腦下部異常，就會導致月經不順。

其次出血量異常，可能是卵巢、輸卵管、子宮無法發揮正常作用，或是骨盆發炎等。

丘腦下部

月經週期的長度是由我來調節的

總之，大部分原因是卵泡素或黃體素的分泌異常，因此最好接受專門醫師診治。

重點知識

女性的生殖器官

開始更年期的時期

★何謂更年期？

卵巢老化，無法發揮正常機能，月經週期混亂時，就是更年期的開始。而在停經3～5年之後（稱爲停經前期），更年期結束。

❶月經不規則期的特徵

卵泡素的分泌量逐漸減少，可能沒有月經，或是即使有月經也是無排卵月經。黃體素的分泌量會大幅度減少。

卵泡素與黃體素平衡失調，因此會導致精神、肉體失調。

❷停經前期的特徵

月經停止，黃體素停止分泌，而卵巢依然會發揮機能分泌卵泡素。因爲平衡失調，會陸續出現精神、肉體的症狀。

★停經後期

沒有停止分泌黃體素，卻停止分泌卵泡素。雖然喪失女性的機能，但是卻是精神、肉體穩定的時期。

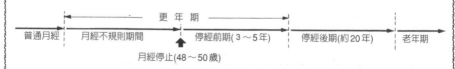

普通月經	月經不規則期間	更　年　期		老年期
		停經前期(3～5年)	停經後期(約20年)	

月經停止(48～50歲)

生殖器官(2)女性

女性的生殖器官

基礎體溫與排卵日的關係

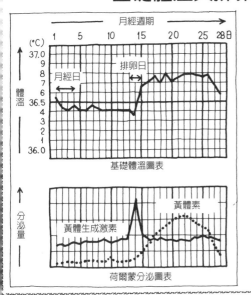

基礎體溫圖表

荷爾蒙分泌圖表

★基礎體溫的變化與排卵日

每天量體溫，體溫會在月經開始時下降，在第13～15天（下次月經的13～14日前）會稍微下降，然後突然上升。

就是在這2天內進行排卵。

★基礎體溫的正確測量方式

每天早上清醒時，將體溫計含入口中測量。

★基礎體溫與荷爾蒙的關係

促黃體生成激素分泌急速增加的日子開始排卵。黃體素增加的期間，基礎體溫會持續上升，理由不明。

女性的生殖器官

調查排卵日的方法

★自己調查排卵日的方法

❶基礎體溫　參照上段的說明。

❷中間期的下腹痛　排卵日時，有些人會出現下腹部的疼痛，或是性慾高漲，具有很大的個人差。

★由醫師調查的方法

❶尿中荷爾蒙　排卵後，卵巢會不斷分泌大量的黃體素，直到下次月經開始之前為止。

因此遲1～2日，黃體素的變化

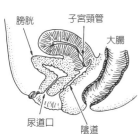

物質（稱爲孕甾二醇）會排泄至尿中。

讓醫師持續檢查尿數日，當此物質開始出現的1～2日前就是排卵日(但是如果是無排卵月經時，也會排泄一點點，所以有時也會判斷錯誤)。

❷陰道的內容物　也可以藉著挖取陰道表面的組織，用顯微鏡來觀察，以了解排卵日。

通常是酸性的分泌，但是在排卵日時，卻會變淡而接近中性。

❸子宮頸管的分泌液　排卵日時會急速增加子宮頸管的分泌液，失去黏性。乾了之後，會形成類似羊齒般的美麗結晶，可以藉此來判定。

重點知識

女性的生殖器官 **著床後受精卵的發達狀況**

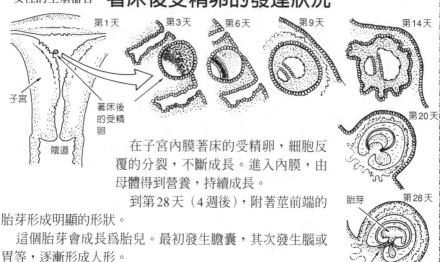

在子宮內膜著床的受精卵，細胞反覆的分裂，不斷成長。進入內膜，由母體得到營養，持續成長。

到第28天（4週後），附著莖前端的胎芽形成明顯的形狀。

這個胎芽會成長為胎兒。最初發生膽囊，其次發生腦或胃等，逐漸形成人形。

附著莖則會發展成為輸送營養的「臍帶」。

以下接下段。

重點知識

女性的生殖器官 **胎兒發育的狀況**

▶**第8週** 從受精日開始算起，第8週（第56日）具備了大致的臟器，雖然很小，但是已經形成完整的人形。

也形成骨骼基礎。藉著鈣的蓄積，骨骼開始骨化。

▶**第16週** 鼻、上頜急速發達，可以看清臉的特徵。

基礎形成眼、耳、口、齒等，而腦也開始發達。

▶**第24週** 腎臟、卵巢、精巢的構造也形成，

可以見到眉毛與胎毛，皮下開始有脂肪附著。

▶**第32週** 一切都已經完成，只要體型變大即可。

如果太早出生，就會變成未熟兒。

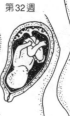

細胞的概要

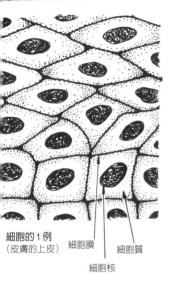

細胞的1例
（皮膚的上皮）　細胞膜　　細胞質

細胞核

★何謂細胞

包括人類在內，所有的生物都是由細胞這個最小的生命單位構成的。

對細胞加以細分的話，則是由有機化合物分子，也就是由無法進行生命活動的單純物質所構成。

換言之，細胞為了維持生命，必須由外界攝取營養，消化後轉換為能量，分裂，增加同志後才能生存。

★細胞的構造

人類的細胞約為300分之1毫米，形狀和大小各有不同。

但是不管何種細胞，原則上有包住細胞的**細胞膜**，充滿於其中的**細胞質**，與中心的**細胞核**三部分。

細胞核的構造與功能

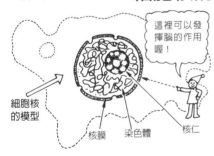

這裡可以發揮腦的作用喔！

細胞核
的模型

核膜　　染色體　　核仁

★細胞核的構造

核就相當於擁有生命的細胞的腦，負責統帥細胞功能，下達增殖的命令。

通常為圓形，在細胞中心附近分為染色體、核仁、核膜三部分。

★細胞核的功能

❶**染色體**　成細長絲狀，用顯微鏡觀察時，可以用鹼性的色素染色，因此命名為染色體。

染色體中有與遺傳有關的情報。

❷**核仁**　在細胞成長或是分裂時，負責讀取染色體的遺傳情報，將其傳達到細胞內。

核仁的功能，可以將父母的細胞直接遺傳給子女，生下完全相同種類的子女細胞。

❸**核膜**　包住細胞核的袋子，負責營養的出入等工作。

細胞質的功能

細 胞

細胞質的模型

粒腺體

高基
氏體

核

小泡體

核糖體

空泡
溶 體

這些都負責內臟
的工作喔！

★細胞質的構造

細胞質大部分是摻雜蛋白質的水，其中有些負責重要作用的小器官。

換言之，中心的核就相當於「腦」，這些器官就相當於內臟與血管。

★細胞質的功能

❶**粒腺體** 含有氧，在運動或進行細胞分裂時可以供給能量。

以公司來比喻時，就好像發電廠一般。

❷**核糖體** 人類所攝取的蛋白質，經由消化器官分解爲氨基酸，運送到全身的細胞。

核糖體則可以合成適合這些組織的蛋白質。

換言之，它是蛋白質的合成工廠，而由核仁監督工作（參照前頁下段）。

❸**溶 體** 是個充滿消化酵素的袋子，負責消化、吸收溶入細胞內空泡的營養，捨棄殘渣。

換言之，就好像是從事人類的口或胃腸等工作的場所。

❹**高基氏體**（高爾基體） 將核糖體製造出來的蛋白質，變成顆粒狀加以儲藏或是釋放。

……總之，一邊進行統治的活動，同時維持小小的生命。

細胞膜的功能

細 胞

細胞膜的模型

細胞質

核

空泡

細胞膜

有時也會發揮如手
腳般的功能喔！

★細胞膜的構造

細胞膜是包住細胞的保護袋。用電子顯微鏡觀察時，會發現分爲三層。

★細胞的功能

不單是保護膜，同時可以選擇必要的營養吸收至細胞，同時捨棄消化的殘渣，負責只讓氧與二氧化碳通過的工作。

組織

組織的構造

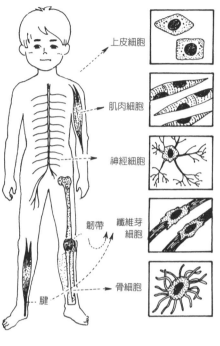

上皮細胞

肌肉細胞

神經細胞

韌帶　纖維芽細胞

骨細胞

腱

★人體的構成

人體是由數10兆個細胞所構成的。

各部分的細胞，原則上都是由基本的要素（細胞核、細胞質、細胞膜）構成。而其種類，如左圖所示共有五種。

★細胞的種類

❶上皮細胞　像皮膚、內臟、血管等，內部形成中空的器官，覆蓋於人體表面的細胞。

❷肌肉細胞　接受來自神經的刺激時會收縮的細長細胞。

❸神經細胞　將外界的情報傳達到腦，或是將腦的命令傳達到各部的細胞。

❹纖維芽細胞　填補於各種器官之間，互相相連的細胞。

❺骨細胞　雖是骨的細胞，但此細胞也可以視為是纖維芽細胞的同類。

....

★組織

當細胞成為一個團體時，就可以發揮作用。

細胞的團體稱為組織，人體共有4種組織。

❶上皮組織　上皮細胞的集合體，簡稱為上皮。

❷肌肉組織　肌肉細胞的集合體，簡稱為肌肉。

❸神經組織　神經細胞的集合體，簡稱為神經。

❹結締組織　纖維芽細胞或是骨細胞的集合體。像韌帶、腱、膜、硬骨、軟骨等，全都是結締組織的同類。

同種類的細胞集合在一起，成為完成一種任務的組織

組織例如下圖所示

上皮細胞 → 上皮組織

肌肉細胞 → 肌肉組織

神經細胞 → 神經組織

基底膜
彈性膜　纖維芽細胞
外膜

結締組織

彈性膜具有防止組織間摩擦的作用喔！

小動脈放大圖

組　織

上皮細胞的作用

【皮膚上皮細胞的放大圖】

——污垢

這裡是活的細胞逐漸往上堆積而成的。

——基底層

【胃的上皮組織放大圖】

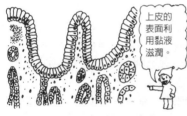

上皮的表面利用黏液滋潤。

【胃液分泌腺的上皮組織放大圖】

胃液是由管狀的胃腺分泌而來的。

——胃腺

【毛細血管的上皮放大圖】

上皮細胞　　縫隙

水、營養、紅血球老廢物等，可以由此縫隙出入。

★皮膚上皮細胞的作用

暴露在空氣中的皮膚的上皮組織，最外側是由死亡的細胞所覆蓋。雖然很硬，但是卻能防止乾燥與細菌等的入侵。

此外，有保護內部組織的作用。

爲了預防皮膚受傷，所以最深部的基底層細胞，會不斷製造出新的上皮細胞。

★體內上皮組織的作用

身體中的器官，中間形成中空處，全都是由上皮組織所構成的。

而此處的細胞形狀各有不同。像氣管和腸內壁爲圓筒形，尿細管內壁爲立方形。

鼻孔的組織需要隨時保持潮濕，因此體內的上皮細胞會不斷分出黏液，利用液體來滋潤。

★外分泌腺或內分泌腺的上皮組織

其他的組織或器官，會分泌發揮正常作用所需要的物質。

唾液、汗、淚、皮脂、胃液等，通過出口，分泌到組織外的腺，稱爲外分泌腺。

像荷爾蒙等由組織分泌到血管內的腺，稱爲內分泌腺。

★毛細血管的上皮組織

毛細血管或尿細管等組織，只有一層細胞層，所以營養等可以自由出入縫隙間（上皮的外側有基底膜等，非常的薄，全都是縫隙）。

【參考】癌是上皮細胞所變化的惡性腫瘤，因此，沒有上皮細胞的地方就不會得癌。

重點知識

組 織

肌肉組織的作用

每一個肌肉細胞,會接受神經的刺激而收縮,使整個肌肉組織大幅度收縮。肌肉組織共有以下三種。

【骨骼肌（別名橫紋肌）】

★骨骼肌的作用

細胞擁有複數核和橫紋,兩端附著於骨,具有使骨骼活動的作用。

能夠迅速運動,但是缺乏持久力。

【心肌】

★心肌的作用

條紋較少,只有一個核。

心臟必須不眠不休的持續活動,因此心肌擁有最強韌的構造。

【平滑肌（別名內臟肌）】

★平滑肌的作用

細胞較小,只有一個核,沒有條紋。

收縮的速度較慢,但是非常平滑,不容易疲勞。此種肌肉可以支撐心臟以外的內臟之活動。

重點知識

組 織

神經組織的作用

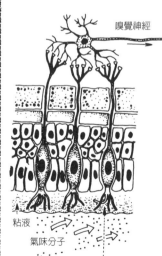

嗅覺神經　軸索　軸索末端　通往腦　樹突　細胞體　粘液　氣味分子　嗅覺接收器

神經組織的形狀大小各有不同,基本上是由細胞體、軸索、樹突所構成的。

★神經組織的構造與作用

神經細胞聚集而成的神經組織,延伸到身體各個角落,將來自外界的情報變成弱電流的刺激傳達到腦,同時將腦的命令傳達到身體末端。

左圖是嗅覺神經組織的模型圖。氣味分子溶解於黏液當中,使嗅覺接收器產生化學反應,變成弱的電氣信號傳送到腦。

【參考】細胞體、樹突、軸索所構成的神經細胞,稱為神經元。

組　織

結締組織的作用

★何謂結締組織

　　結締組織是與其他器官連結、支撐其他器官，或填補於其間、或加以保護的組織總稱。

　　分布最廣的就是纖維性結締組織。

　　這個組織中有纖維芽細胞，此種細胞到處分布。剩下的稱為細胞間物質的細長纖維狀物質。

　　細胞間物質的真實身分，是以蛋白質為主要成分的膠原蛋白。此種蛋白是由纖維芽細胞或其他物質製造出來的，目前不得而知。

　　……總之，這個纖維狀的膠原蛋白，負責支撐身體各部分。

【結締組織其1】

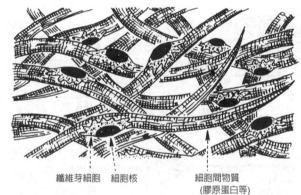

纖維芽細胞　細胞核　　　　細胞間物質
　　　　　　　　　　　　　　(膠原蛋白等)

【結締組織其2】

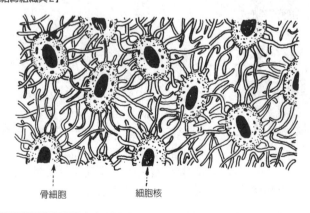

骨細胞　　　　　　細胞核

<全書終>